无人机应用技术专业新形态系列教材（总主编：何先定　刘建超　李屹东）

无人机飞行与作业

（活页式）

主　编　刘明鑫　何先定　陈宗杰
副主编　王　强　李　艳　魏春晓

课程思政　　活页式　　新形态

课件　　微课　　校企合作

西南交通大学出版社
·成都·

图书在版编目（CIP）数据

无人机飞行与作业 / 刘明鑫，何先定，陈宗杰主编．—成都：西南交通大学出版社，2022.2（2025.2 重印）
ISBN 978-7-5643-8443-2

Ⅰ．①无… Ⅱ．①刘… ②何… ③陈… Ⅲ．①无人驾驶飞机－飞行训练－高等职业教育－教材 Ⅳ．①V279

中国版本图书馆 CIP 数据核字（2021）第 257890 号

Wurenji Feixing yu Zuoye
无人机飞行与作业

主　编	刘明鑫　何先定　陈宗杰
责任编辑	赵永铭
封面设计	吴　兵
出版发行	西南交通大学出版社 （四川省成都市金牛区二环路北一段 111 号 西南交通大学创新大厦 21 楼）
邮政编码	610031
发行部电话	028-87600564　028-87600533
网址	http://www.xnjdcbs.com
印刷	四川玖艺呈现印刷有限公司
成品尺寸	185 mm×260 mm
印张	9.75
字数	227 千
版次	2022 年 2 月第 1 版
印次	2025 年 2 月第 2 次
定价	38.00 元
书号	ISBN 978-7-5643-8443-2

课件咨询电话：028-81435775
图书如有印装质量问题　本社负责退换
版权所有　盗版必究　举报电话：028-87600562

无人机应用技术专业新形态系列教材编写委员会

主任委员

  刘建超　国家教学名师　成都航空职业技术学院

副主任委员

  何　敏　云影系列无人机总设计师　成都飞机工业（集团）有限责任公司
  李屹东　翼龙系列无人机总设计师　中航（成都）无人机系统股份有限公司
  李中华　国家英雄试飞员　中国人民解放军空军指挥学院
  冯文全　北京航空航天大学
  任　斌　成都纵横自动化技术股份有限公司
  董秀军　地质灾害防治与地质环境保护国家重点实验室
  张秦罡　自然资源部第三航测遥感院

总 主 编

  何先定　刘建超　李屹东

执行编委（按拼音排序）

陈世江	重庆电子工程职业学院	江启峰	西华大学航空航天学院
李　乐	国网乐山供电公司	李兴红	成都理工大学工程技术学院
刘清杰	四川航天职业技术学院	卢孟常	贵州航天职业技术学院
王福成	黑龙江八一农垦大学	王晋誉	上海民航职业技术学院
王利光	成都纵横大鹏无人机科技有限公司	王永虎	重庆交通大学
魏永峭	兰州理工大学	吴道明	重庆航天职业技术学院
许云飞	成都航空职业技术学院	徐绍麟	云南林业职业技术学院
查　勇	天府新区通用航空职业学院	周　军	厦门大学

委　　员（按拼音排序）

陈宗杰	成都航空职业技术学院	戴升鑫	成都航空职业技术学院
邓建军	成都航空职业技术学院	段治强	成都航空职业技术学院
范宇航	成都航空职业技术学院	房梦旭	成都航空职业技术学院
冯成龙	成都航空职业技术学院	付　鹏	成都纵横大鹏无人机科技有限公司
何　达	成都航空职业技术学院	何国忠	四川航天中天动力装备有限责任公司
何云华	成都工业学院	胡　浩	天府新区航空旅游职业学院
姜　舟	成都航空职业技术学院	蒋云帆	西华大学航空航天学院

李　恒	成都航空职业技术学院	李林峰	成都纵横大鹏无人机科技有限公司
李　艳	成都航空职业技术学院	李宜康	成都航空职业技术学院
李懿珂	成都纵横大鹏无人机科技有限公司	李志鹏	中航（成都）无人机系统股份有限公司
李志昇	成都航空职业技术学院	廖开俊	中国人民解放军空军第一航空学院
刘　驰	四川航天中天动力装备有限责任公司	刘　夯	成都纵横大鹏无人机科技有限公司
刘佳嘉	中国民用航空飞行学院	刘　健	山西机电职业技术学院
刘　静	重庆科创职业学院	刘明鑫	成都航空职业技术学院
刘　霞	重庆航天职业技术学院	马云峰	成都纵横大鹏无人机科技有限公司
梅　丹	中国人民解放军海军工程大学	牟如强	成都理工大学工程技术学院
潘率诚	西华大学	屈仁飞	成都西南交大研究院有限公司
瞿胡敏	四川傲势科技有限公司	任　勇	重庆电子工程职业学院
沈　挺	重庆交通大学	宋　勇	四川航天中天动力装备有限责任公司
唐　斌	成都航空职业技术学院	田　园	成都航空职业技术学院
王　聪	成都航空职业技术学院	王国汁	中航（成都）无人机系统股份有限公司
王　进	成都纵横大鹏无人机科技有限公司	王朋飞	西安航空职业技术学院
王　强	成都航空职业技术学院	王泉川	中国民用航空飞行学院
王思源	成都航空职业技术学院	王文敬	中国民用航空飞行学院
王　旭	成都航空职业技术学院	王　洵	成都航空职业技术学院
魏春晓	成都航空职业技术学院	吴　可	重庆交通大学
吴　爽	中航（成都）无人机系统股份有限公司	谢燕梅	成都航空职业技术学院
邢海涛	云南林业职业技术学院	熊　斌	重庆交通大学
徐风磊	中国人民解放军海军工程大学	许开冲	成都纵横自动化技术股份有限公司
闫俊岭	重庆科创职业学院	严向峰	成都航空职业技术学院
杨　芳	成都航空职业技术学院	杨谨源	中航教育科技（天津）有限公司
杨　琴	成都理工大学工程技术学院	杨　锐	成都纵横自动化技术股份有限公司
杨少艳	成都航空职业技术学院	杨　雄	重庆航天职业技术学院
杨　雪	成都航空职业技术学院	姚慧敏	成都航空职业技术学院
尹子栋	成都航空职业技术学院	游　玺	成都纵横大鹏无人机科技有限公司
张　捷	贵州交通技师学院	张　梅	成都农业科技职业学院
张　松	四川零坐标勘察设计有限公司	张惟斌	西华大学
张　伟	成都纵横大鹏无人机科技有限公司	赵　军	重庆电子工程职业学院
郑才国	成都理工大学工程技术学院	周　彬	重庆电子工程职业学院
周佳欣	成都航空职业技术学院	周仁建	成都航空职业技术学院
邹晓东	中航（成都）无人机系统股份有限公司		

前言
PREFACE

无人机飞行与作业，以无人机驾驶飞行技术为基础，结合遥感传感器技术、遥控遥测技术、通信技术、GNSS（全球导航卫星系统）导航技术和遥感应用技术，实现无人机系统平台操作、飞行操控技术、输电线路巡检、航拍作业、航空测绘作业、农业植保作业和系统维护与保养等任务。随着技术的发展，无人机已经不仅局限于单个领域的产品，而是所有行业领域。无人机交互方式的更新换代以及"无人机+"概念的提出，使得无人机应用范围越来越广泛。同时，无人机技术由于有作业成本低、机动灵活、可执行危险任务和无人员伤亡的特点，已经被世界各国和地区争相研究与发展，是当今的新兴热门技术。

无人机飞行与作业是目前无人机应用技术的基本方向，是信息时代与人工智能时代新的产业革命的关键技术。由于其快速反应、时效性以及全面性的能力，无人机越来越多地应用于人们生活的各个方面。

本书共计七个模块，系统归纳了无人机操纵飞行和无人机作业应用，重点对无人机在不同行业的应用，对无人机系统和无人机飞行作业进行了概括，对无人机架空输电线路巡检作业、无人机航拍作业、无人机测绘作业、无人机农业植保作业和无人机系统维护与保养等进行了深入探讨。通过设计不同的应用场景，比较全面地梳理出不同作业的标准流程，整理出国家现有涉及无人机应用的管理规范与技术标准。模块1重点介绍了无人机系统原理及无人机法律法规和标准规范；模块2介绍了无人机飞行作业，主要包括无人机飞行作业准备，多旋翼无人机、固定翼无人机以及地面战的理论知识；模块3主要介绍了无人机架空输电线路巡检作业，包括无人机架空输电线路巡检系统的简介、无人机架空输电线路巡检标准化作业的具体流程和无人机架空输电线路巡检作业安全及注意事项等方面的内容；模块4主要介绍了无人机航拍作业，系统研究并介绍了无人机航拍的作业系统、标准化作业和安全与应急措施；模块 5 主要介绍了无人机测绘作业，重点在于无人机测绘作业系统、无人机测绘作业标准化流程以及作业的安全与应急措施；模块 6 介绍了无人机农业植保作业，包括植保系统、标准化作业和安全与应急措施；模块 7 介绍了无人机系统的维护与保养，包括维护保养的基本要求，无人机本身及其各部分的保养。

本书是由西南交通大学出版社联合成都航空职业技术学院无人机产业学院无人机应用技术专业开发的专业教材。本书由刘明鑫、何先定、陈宗杰担任主编，王强、李艳、魏春晓担任副主编。刘明鑫、王强负责模块 1、2、7 的编写，陈宗杰负责模块 4、模块 5 的编写与部分内容统稿，李艳负责模块 3 的编写，魏春晓负责模块 6 的编写。本书在编写时参考了一些相关文献资料，在此一并感谢。

随着科学技术的飞速发展，无人机技术发展日新月异，无人机相关产业也无时无刻不发生着更新换代，由于编者水平有限，不能全面且精确涵盖无人机飞行与作业的各个方面，如有不当之处，请各位读者批评指正。

编 者

2022 年 2 月

于成都航空职业技术学院

目 录
CONTENTS

模块 1　无人机概述 ·· 001
　　任务 1　无人机系统原理 ··· 001
　　任务 2　无人机法律法规和标准规范 ···························· 012

模块 2　无人机飞行作业 ·· 023
　　任务 3　无人机飞行作业准备 ····································· 023
　　任务 4　多旋翼无人机的飞行 ····································· 030
　　任务 5　固定翼无人机的飞行 ····································· 036
　　任务 6　地面站飞行 ·· 044

模块 3　无人机架空输电线路巡检作业 ························· 056
　　任务 7　无人机架空输电线路巡检作业系统 ·············· 056
　　任务 8　无人机架空输电线路巡检标准化作业 ·········· 069
　　任务 9　无人机架空输电线路巡检作业标准化流程 ···· 074
　　任务 10　无人机架空输电线路巡检作业安全及注意事项 ···· 080

模块 4　无人机航拍作业 ·· 083
　　任务 11　无人机航拍作业系统 ···································· 083
　　任务 12　无人机航拍标准化作业 ································ 087
　　任务 13　无人机航拍作业安全和应急措施 ················ 090

模块 5　无人机测绘作业 ·· 096
　　任务 14　无人机测绘作业系统 ···································· 096
　　任务 15　无人机测绘作业标准化流程 ························ 102
　　任务 16　无人机测绘作业安全和应急措施 ················ 108

模块 6　无人机农业植保作业 ··· 113
   任务 17　无人机农业植保作业系统 ··· 113
   任务 18　无人机农业植保标准化作业 ·· 126
   任务 19　无人机农业植保作业安全和应急措施 ······································· 133

模块 7　无人机系统维护和保养 ·· 141
   任务 20　无人机系统维护 ·· 141
   任务 21　无人机及动力电池保养 ··· 143

参考文献 ·· 147

模块 1　无人机概述

任务 1　无人机系统原理

【情景创建】

竹蜻蜓是一种中国传统的民间儿童玩具，流传甚广，其外形呈 T 字形，横的一片像螺旋桨，当中有一个小孔，其中插一根笔直的竹棍子，用两手搓转这一根竹棍子，竹蜻蜓便会旋转飞上天，当升力减弱时才落到地面。在制作和玩耍竹蜻蜓的过程中，我们可以领略中国古老儿童玩具的趣味和科学技术的奥妙。

公元前 500 年，中国人从对大自然中蜻蜓飞行的观察中受到启示，制成了竹蜻蜓。随后 2000 多年来，竹蜻蜓一直是中国孩子手中的玩具，并在 18 世纪传到欧洲。被誉为"航空之父"的英国人乔治·凯利深受竹蜻蜓的启发，他的第一项航空研究就是在 1796 年仿制和改造了"竹蜻蜓"，并由此悟出螺旋桨的一些工作原理。他的研究推动了飞机研制的进程，并为西方的设计师带来了研制直升机的灵感。

【任务实施】

如何控制竹蜻蜓的飞行方向、飞行高度和滞空时间？

准备不同叶片长度、不同叶片安装角度的竹蜻蜓，由学生分别放飞竹蜻蜓，控制其朝向和双手旋转的速度，记录不同变量下竹蜻蜓的飞行方向、飞行高度和滞空时间，并分析原因。

知识点 1　无人机概述

无人机是无人驾驶飞机（Unmanned Aerial Vehicle 或 Drones）的简称，是控制站管理的遥控飞行或自主飞行的航空器，包括无人直升机、固定翼机、多旋翼飞行器、无人飞艇、无人伞翼机等。广义地看也包括临近空间飞行器（20～100 km 空域），如平流层飞艇、高空气球、太阳能无人机等。从某种角度来看，无人机可以在无人驾驶的条件下完成复杂空中飞行任务和各种负载任务，可以被看作是"空中机器人"。

通常所提的"无人机"主要指的是无人机空中飞行平台，从实际使用技术方面考虑，更重要的是"无人机系统"概念。

所谓"系统",是指由若干个相互联系、相互作用、相互依存的组成部分(要素)结合而成的、具有特定功能的有机整体,从组成上来说,是指"相关部件(子系统)、软件与功能的有机集合";从技术上来说,是指"具有相互依存功能的机械结构、电器、电子的一种集合";从更广义上,还包括操作的人员与技术。

无人机系统是指无人机空中平台及与其配套的任务设备、数据链、控制站、起飞(发射)回收装置以及相关支持保障设备设施的功能系统。

知识点 2　无人机系统组成

无人机系统一般由无人机平台、任务载荷、数据链和飞行控制与管理等飞机系统和运行支持系统组成(见图1-1),各分系统组成和功能如下。

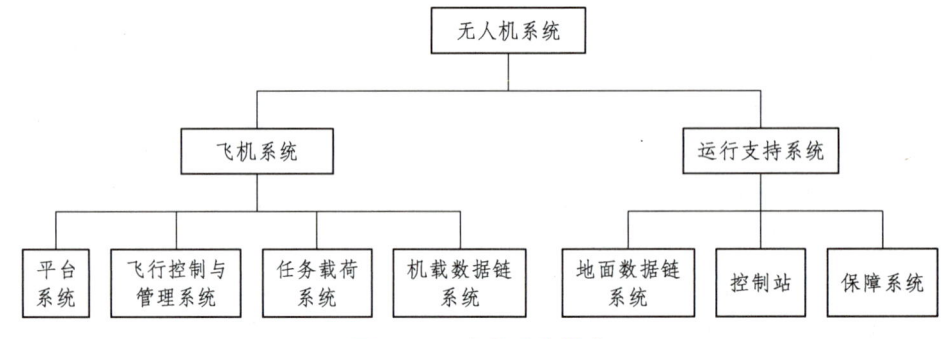

图 1-1　无人机系统组成

无人机平台系统:包括机体、动力装置、飞行控制与导航子系统等。无人机平台系统是执行任务的载体,它携带任务载荷,飞行至目标区域完成要求的任务与作业。

飞行控制与管理系统:包括飞行操纵设备、综合显示设备、飞行航迹与态势显示设备、任务规划设备、记录与回放设备、情报处理与通信设备、与其他任务载荷信息接口等。飞行控制与管理完成指挥,作战计划制订,任务数据加载,无人机地面和空中工作状态监视和操纵控制,以及飞行参数、态势和任务数据记录等任务。

任务载荷系统:完成任务与作业所需的机上设备实施等。任务载荷分系统完成要求的信息收集、载荷运输投送、作业等任务。

数据链系统:包括无线电遥控/遥测设备、信息传输设备、中继转发设备等。数据链系统通过上行信道,实现对无人机的遥控;通过下行信道,完成对无人机飞行状态参数的遥测,并传回任务信息。

知识点 3　无人机操作技能

1. 俯仰操纵

使飞机绕横轴(z轴)做俯仰(纵向)运动的操纵叫俯仰操纵(见图1-2),也称纵向操纵。

通过推、拉驾驶杆，使飞机的升降舵（或全动平尾）向下或向上偏转，产生俯仰力矩，从而使飞机低头或抬头做俯仰运动。

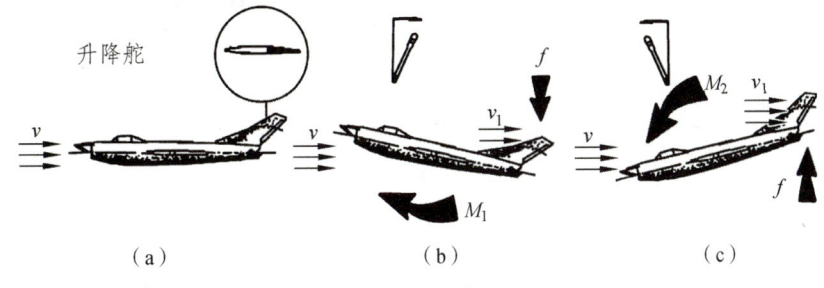

（a）　　　　　　　　（b）　　　　　　　　（c）

图 1-2　俯仰操纵

2. 方向操纵

使飞机绕立轴（y 轴）做偏航运动的操纵叫方向操纵（见图 1-3），也称航向操纵。通过蹬脚蹬，使飞机的方向舵向左或向右偏转，产生偏航力矩，从而使飞机向左或向右做偏航运动。

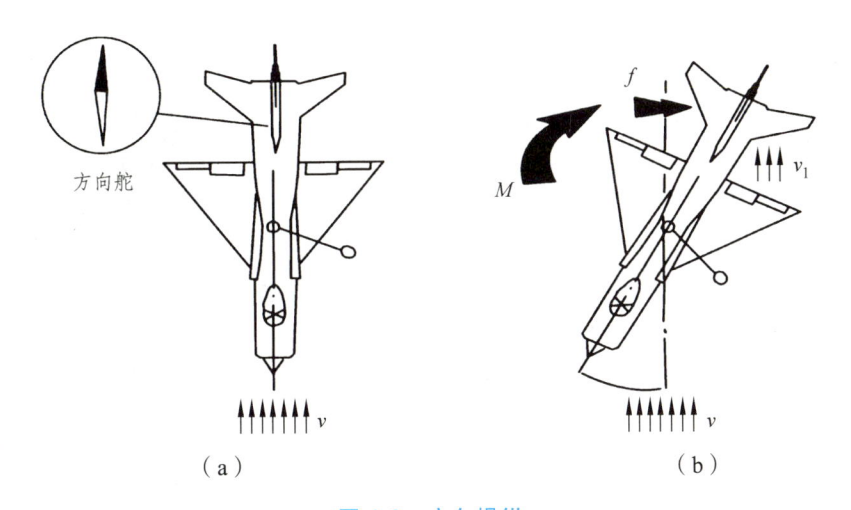

（a）　　　　　　　　　　　　（b）

图 1-3　方向操纵

3. 侧向操纵

使飞机绕纵轴（x 轴）做滚转（倾侧）运动的操纵叫侧向操纵（见图 1-4）。通过左压或右压驾驶杆（左转或右转手轮）使飞机的左、右副翼一侧向下另一侧向上偏转，产生滚转（倾侧）力矩，从而使飞机向左或向右做滚转（倾侧）运动。

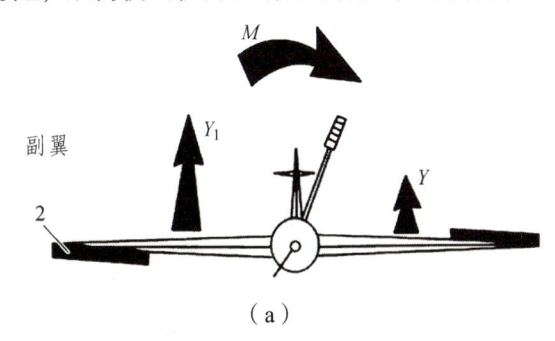

（a）

（b） （c）

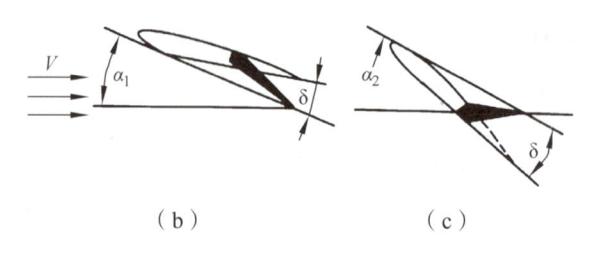

图 1-4 侧向操纵

4. 方向操纵与侧向操纵

在实际飞行中，方向操纵和侧向操纵也是不可分的，经常是相互配合、协调进行，因此方向操纵和航向操纵也常合称为"横侧向操纵"（见图 1-5）。

5. 无人机的操纵性与稳定性

无人机的操纵性与稳定性之间是一对矛盾关系，操纵性好，则放宽稳定性；稳定性好，则放低操纵性。

因此在无人机设计时必须统筹考虑，协调处理，根据不同需要协调操纵性与稳定性的指标（如长航时高空无人机更强调稳定性，无人作战机必须有较好的机动性）。

1）无人机稳定性

对于一个处于平衡状态的系统，在受到扰动作用后都会偏离原来的平衡状态。若系统在扰动作用消失后，经过一段过渡过程后，系统仍然能够恢复到原来的平衡状态，则称该系统是稳定的（见图 1-6）。否则，则称该系统是不稳定的。

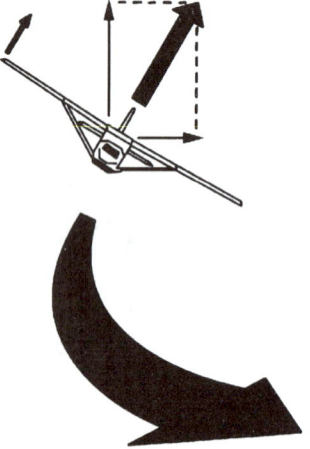

图 1-5 横侧向操纵

（a） （b）

图 1-6 系统稳定性

（1）稳定条件。

欲使处于平衡状态的物体具有稳定性，其必要条件包括：

① 物体在受到扰动后能够产生稳定力/力矩，使物体具有自动恢复到原来平衡状态的趋势。

② 在恢复过程中同时产生阻尼力/力矩，保证物体最终恢复到原来平衡状态。

（2）飞行稳定性。

处于平衡状态的飞行器，受外界干扰后不需要进行操纵干预，靠自身特性恢复原来状态的能力。外界干扰可以是飞行中气流的影响，飞行器重量、重心的改变，发动机推力的改变等。

（3）平衡状态。

飞行器在飞行时，所有的外力与外力矩之和都等于零的状态称之为飞行的平衡状态（见图1-7）。匀速直线运动是一种平衡状态。

（4）飞行稳定条件。

在飞行中，如果无人机由于外界瞬时微小扰动而偏离了平衡状态，这时若在无人机上能够产生稳定力矩，使其具有自动恢复到原来平衡状态的趋势，同时在无人机摆动过程中，又能产生阻尼力矩，那么无人机就能自动恢复到原来的平衡状态，也就是说无人机具有稳定性；反之，若无人机偏离平衡状态后产生的是不稳定力矩，那么它就会越来越偏离原来的平衡位置，因而是不稳定的，也就是没有稳定性。

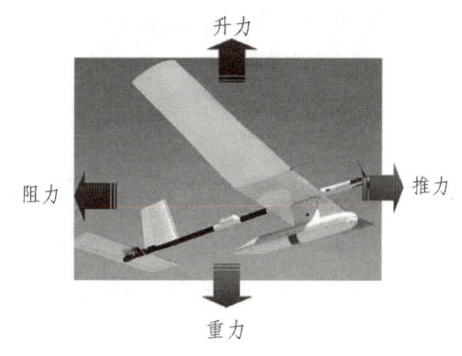

图1-7 无人机平衡状态

显然，为了保证飞行安全和便于操纵，无人机应当具有良好的稳定性。

① 通常将稳定性分成静稳定性和动稳定性。

如果无人机在受到外界干扰后，在最初瞬间所产生的是恢复力矩，使其具有自动恢复到原来平衡状态的趋势，则称无人机具有静稳定性；反之，若产生的是不稳定力矩，无人机便没有自动恢复到平衡状态的趋势，故称为静不稳定性。静稳定性只表明无人机在外界扰动作用后的最初瞬间有无自动恢复到原来平衡状态的趋势，并不能说明其能否最终恢复到原来的平衡状态。

如果无人机在外界瞬时扰动作用后，能自动恢复到原来的平衡状态，则无人机具有动态稳定性。动态稳定性研究的是整个扰动运动过程的问题。

静稳定性和动稳定性之间有着非常密切的关系。一般来说，只要恰当地选择静稳定性的大小，就能保证获得良好的动稳定特性。

② 无人机的稳定性包括纵向稳定性、航向稳定性、横向稳定性。

纵向稳定性，反映无人机在俯仰方向的稳定特性。

航向稳定性，反映无人机的方向稳定特性。

横向稳定性，反映无人机的滚转稳定特性。

③ 无人机的纵向稳定性——以固定翼无人机为例。

当无人机在飞行中，受到微小扰动而偏离其纵向平衡状态，并在扰动去除瞬间，不经操纵就具有自动恢复到原来平衡状态的趋势，则称无人机具有纵向静稳定性。

无人机是否有静稳定性，主要取决于其本身的特性，取决于平衡状态破坏后，无人机上产生的起稳定作用的力矩与起不稳定作用的力矩相互作用的结果。如果前者大于后者，无人机是静稳定的；反之，便是静不稳定的。

当迎角改变时，机翼升力也改变，升力增量的作用点，即为机翼的焦点。对目前无人机上常用的翼型来说，焦点一般位于离翼型前缘大约1/4弦长的位置。同样，当迎角改变时，机身、尾翼等所引起的升力增量也作用在机身和尾翼的焦点上。

从图1-8中可以看出，由于机翼、机身的焦点都在无人机重心的前面，因而升力增量对重心形成一个使机头更加上仰的不稳定力矩,但水平尾翼焦点远在重心之后,因此尾翼上的升力增量对重心形成的是使机头下俯的稳定力矩,若后者大于前者,无人机是静稳定的,反之,则是静不稳定的。

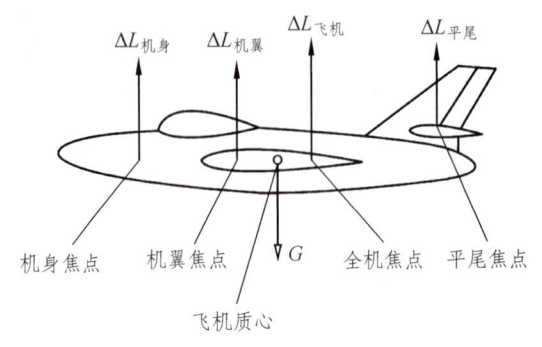

图 1-8　无人机平衡状态

从这里看出,水平尾翼的重要作用之一在于保证无人机具有纵向静稳定性。

当迎角变化时,无人机各个部件的升力都要改变。无人机各个部件升力增量的合力的作用点,称为无人机的焦点;换句话说,无人机焦点就是迎角变化而引起的整个无人机升力增量的作用点。机翼、机身、尾翼的焦点都不随迎角改变,无人机的焦点也不随迎角而改变。

无人机重心和无人机焦点之间的相互位置,决定了无人机是否具有纵向静稳定性。

若无人机重心位于焦点之前,如图1-9(a)所示,则在无人机受到外界扰动后,例如迎角增加了$\Delta\alpha$,那么在无人机的焦点上,就会产生一个向上的升力增量ΔL,它对无人机重心形成使机头下俯的静稳定力矩ΔM_{y1},使无人机具有逐渐消除$\Delta\alpha$而自动恢复到原来平衡迎角的趋势,即无人机是静稳定的。

反之,若无人机重心位于其焦点之后,如图1-9(b)所示,升力增量对重心所形成的是不稳定的上仰力矩ΔM_{y2},使无人机迎角越来越大,而没有自动恢复到原来平衡迎角的趋势,因此无人机是静不稳定的。

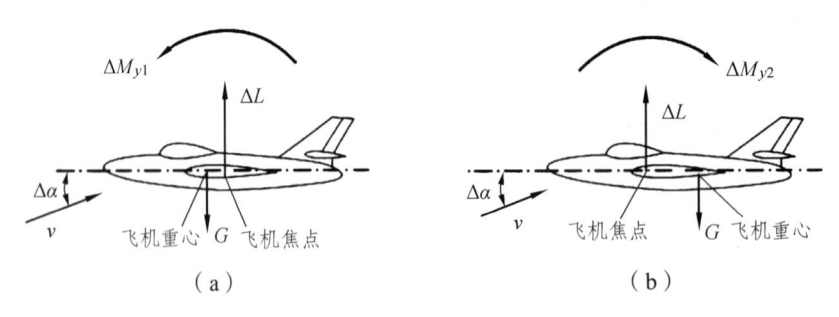

图 1-9　无人机纵向稳定性

由此可以得出一个重要结论:无人机的重心若位于无人机焦点之前,无人机具有纵向静稳定性;否则,无人机便不具备纵向静稳定性。

焦点的位置取决于机翼形状、机身长度,特别是机翼和尾翼的位置与尺寸。在进行常规固定翼无人机设计时,首先要合理地安排无人机重心的位置,并恰当地选择水平尾翼的位置和面积等参数,以确保无人机的纵向稳定性。

现代无人机由于采用主动控制技术，允许无人机纵向静不稳定，即允许无人机重心位于焦点之后。对于不稳定的无人机，随着迎角的增加，平尾在飞行控制器的作用下向下偏转，增大低头力矩，使无人机保持纵向稳定。这样，设计无人机时就不一定把无人机重心配到焦点之前，尾翼也不要很大的面积，从而可以大大减轻无人机的重量，提高无人机的飞行性能。

采用类似的方法，可以对固定翼无人机的航向稳定性与横向稳定性，以及其他类型无人机的稳定性进行分析，为无人机设计服务。

无人机的飞行稳定性，不是越强越好，而是要与操纵性结合起来考虑，使其具有最佳的飞行品质。

2）无人机操纵性

无人机飞行时，不仅需要具有一定的稳定性，还要求具有良好的操纵性。

所谓操纵性，是指无人机对操纵指令做出反应、改变其飞行状态的特性，也就是无人机按照飞行指令的意图做各种动作的能力。

操纵性的好坏与稳定性的大小密切相关。稳定性太大，也就是说无人机保持原有平衡状态的能力越强，则要改变它也就越不容易，操纵起来也就越费劲。若稳定性过小，则较小的操纵就能引起较大的状态变化，很难把握操纵量的大小，容易造成操纵过量。因此，要正确处理好稳定性与操纵性之间的关系。

无人机的操纵性 —— 以固定翼无人机为例。

固定翼无人机飞行时的操纵，主要通过三个主操纵面——升降舵、方向舵和副翼来实现的（见图 1-10）。

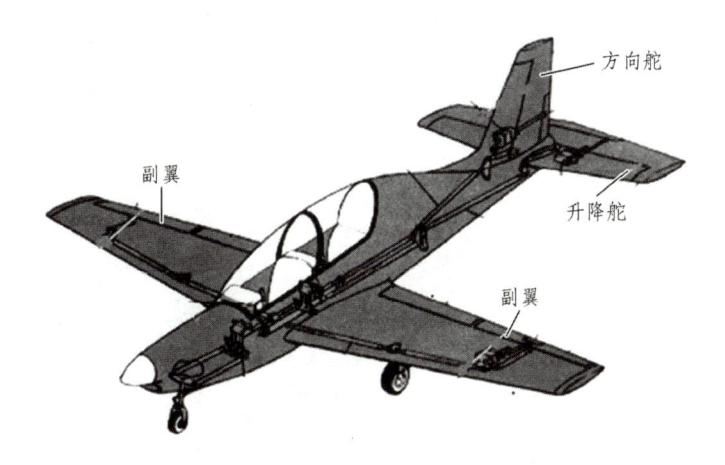

图 1-10 无人机操纵面

操纵手或者自动驾驶仪给出操纵指令，对操纵面进行偏转，使无人机绕其纵轴、横轴和竖轴转动，从而改变无人机的飞行姿态（见图 1-11）。

如果操纵手或者自动驾驶仪给出适当的操纵指令使操纵面偏转，无人机很快做出反应，按指令的意图改变飞行姿态，那么，无人机就具有良好的操纵性。如果反应迟钝，那就是操纵性不好。

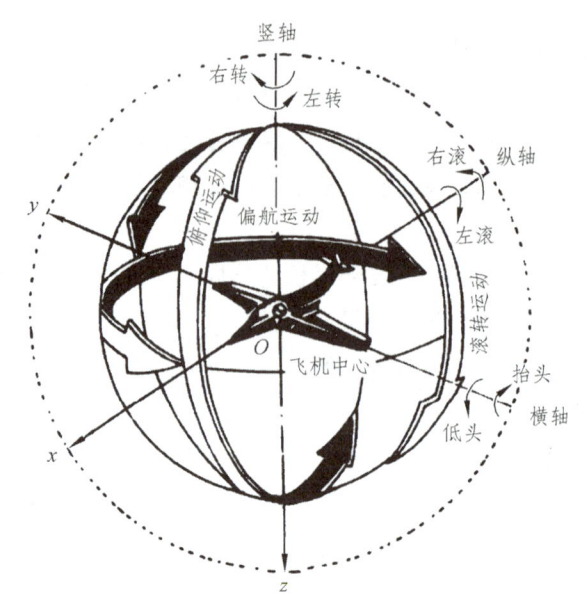

图 1-11　无人机操纵与姿态对应关系

固定翼无人机由于布局设计的不同，使用的操纵面有所差异，但其操纵的基本原理都相同，即通过操纵面的偏转改变升力面上的空气动力，增加或减少的空气动力相对于无人机重心产生一个使其按需要改变飞行姿态的附加力矩。

同稳定性一样，操纵性同样可分为纵向操纵性、航向操纵性、横向操纵性。

6. 多旋翼无人机飞行原理

常规直升机通过对总距和周期变距的控制来改变直升机的拉力大小和运动方向，而多旋翼无人机一般则通过调整各个电机与螺旋桨的转速，来实现对无人机的姿态与位置的控制（见图 1-12）。由于多旋翼无人器具有高度耦合的动态特性，一个螺旋桨转速的改变将至少影响三个自由度方向上的运动。

（a）实物图

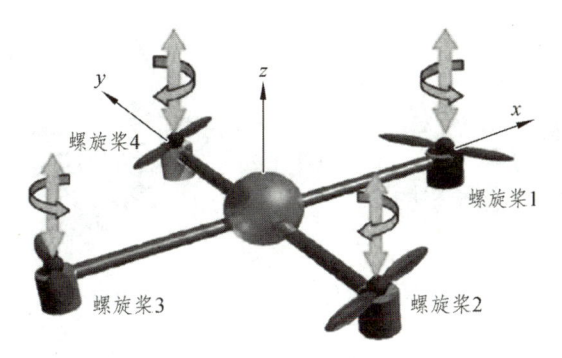

（b）飞行原理

图 1-12　四旋翼无人机实物及其飞行原理

从飞行要求来看，多旋翼无人机应具备空间六个自由度和三个可控的基本运动状态。三个可控的基本运动为垂直运动、水平直线运动（前后/侧向飞行）、水平转动。控制运动状态的参数有：飞行高度、垂直速度、平飞速度、俯仰角、滚转角、偏航角。多旋翼无人机飞行控制——以四旋翼无人机为例。

（1）垂直运动。

垂直运动控制较为简单，同时增加四个电机的输出功率，增加螺旋桨转速，使得总的拉力增大，无人机垂直向上飞行；反之，则垂直向下飞行。

垂直运动控制时，可将飞行高度、垂直速度作为控制状态参数。设定期望高度、期望垂直速度，采用一定控制方法（PID/模糊控制等），同时调整四个电机的功率，改变螺旋桨拉力，对飞行高度与垂直速度进行调整（见图 1-13）。

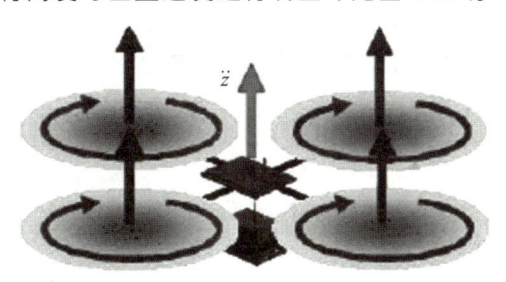

图 1-13　多旋翼无人机垂直运动飞行原理

（2）水平直线运动（前后/左右运动）。

水平直线运动可分为前后运动与侧向运动，由于四旋翼无人机具有轴对称性，因此前后运动与侧向运动在操控方式上相同。

以前后运动为例，分别减小和增加前后螺旋桨的转速，产生拉力差，形成低头力矩，使机身低头，产生拉力的前向分量，使无人机向前运动；向后飞行类似。

水平前后运动控制时，可将俯仰角、水平速度作为控制状态参数。设定期望俯仰角、期望水平速度，采用一定控制方法（PID/模糊控制等），同时增加、减小前后两个电机的转速，使前后两个螺旋桨产生拉力差，对机身产生低头或抬头力矩，从而实现对俯仰角和水平速度的调整（见图 1-14）。

图 1-14　多旋翼无人机水平运动飞行原理图

（3）水平转动。

四旋翼无人机的水平转动可以借助螺旋桨产生的反扭矩来实现。反扭矩的大小与螺旋桨转速有关，当四个螺旋桨转速相同时，反扭矩互相平衡，无人机不发生转动；当四个螺旋桨转速不同时，不平衡的反扭矩会引起四旋翼无人机的水平转动。

水平转动控制时，可将偏航角作为控制状态参数。设定期望偏航角，采用一定控制方法（PID/模糊控制等），改变四个螺旋桨的转速，使四个螺旋桨产生的反扭矩不能相互平衡，对机身产生扭转力矩，从而实现对偏航角的调整（见图 1-15）。

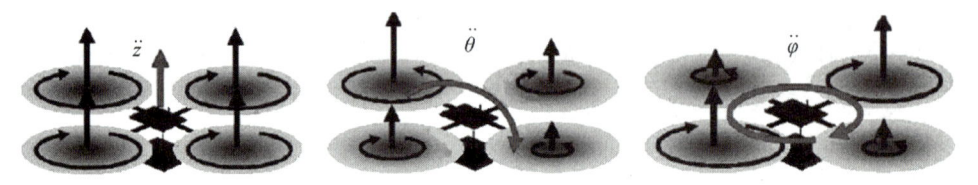

图 1-15　多旋翼无人机水平转动飞行原理图

多旋翼无人机的三个基本运动状态控制之间存在严重的耦合。某个基本运动状态控制时对螺旋桨转速产生的改变，极有可能破坏其他基本运动状态的平衡与稳定。因此，多旋翼无人机飞行时，应同时对三个基本运动状态进行控制，以保证飞行控制的全局稳定。

【任务测评】

将学生分成若干小组，请他们根据竹蜻蜓最优叶片长度以及安装角度，动手制作一个竹蜻蜓，放飞并测量记录其滞空时间和飞行高度，填入表 1-1 中，作为任务测评。

表 1-1　竹蜻蜓实验任务测评表

任务测评表			
小组	滞空时间（1 s = 10 分）	飞行高度（2 m = 10 分）	总分
1 组			
2 组			
3 组			
4 组			
5 组			
6 组			

续表

任务测评表			
小组	滞空时间（1 s＝10 分）	飞行高度（2 m＝10 分）	总分
7 组			
8 组			
9 组			
10 组			
11 组			
12 组			

【扩展阅读】

他，创造了中国民航史的一个传奇

1949 年 10 月 1 日，新中国成立，一个多月后，国民党中国航空公司、中央航空公司的 12 架飞机从香港一路北上，投奔新中国。历史上将这次行动称为"两航起义"。潘国定驾驶的"空中行宫"号，就是其中一架，他作为机长，开着这架当时国际上最先进的飞机，拉着两航高管，直奔北京，降落北京后，这架飞机改名为"北京号"！

这 12 架飞机和同时起义的 2000 多名员工，就是新中国民航事业的起点。决定起义时，潘国定和妻子说好，安顿好再接家人过来，但两人就此失散。再见面是三十年后，潘国定是中国访美代表团成员，而他妻子是去迎接的美国华侨。两个老人流着泪，15 分钟里一句话都没说！这是他们分别后的第一面，也是这一辈子最后一面！潘国定当年忍痛抛妻别子，是为民族大义，也是作为自己一个中国人的蓝天梦！

潘国定年轻时候曾在美国学习，当他向一个美国人请教飞行技术时，对方冷笑说："你们黄种人要吃这碗饭，那黑人也要上天了！"这屈辱，潘国定终身难忘！他立志要为中国航空争气！青藏高原，一向被认为是"空中禁区"。20 世纪 40 年代，西方冒险家为了寻找进入西藏的空中通道，上百名飞行员葬身冰峰。

1956 年，中国决定试航拉萨。这条路有多难呢？当时世界上最难飞的路线，是在一万五千英尺高空飞行一个半小时。而北京-拉萨航线，要在两万英尺以上高空飞行三个小时。出发前，机组全体人员都写好了遗书，而潘国定又参与了这次传奇飞行，而且非常成功！

1950 年潘国定机组的成员，其中有两位女性空中乘务员，就这在那个时代非常罕见，这群姑娘是新中国第一批"空姐"，一共 18 人。

那时飞机飞得慢，从北京到上海要中停两站，飞机餐也没有，乘客中途下飞机，去机场食堂吃饭。今天听来，那样的空中旅行似乎很遥远。但那不过是几十年前。新中国的民航的"第一飞"是 1950 年，那时只有两条线路，一条是天津飞往重庆，另一条是天津飞往广州。

现在，中国的定期航线有几千条，每年有超过4亿人次，在遍布全国的两百多个机场搭乘飞机。飞，已经成为中国人生活的一部分。

潘国定，一万三千小时，无事故！从仰望天空，到云端行走，飞得更高，走得更远，一直是中国人无止境的追求！这些带我们飞上天的人，蓝天会记住他们的身影。

任务 2 无人机法律法规和标准规范

【情景创建】

案例一：2017年4月21日12时，戴某，男，未经西部战区空军和民航空中管制部门批准，在成都市双流区协和街道锦江路五段一无名路进行无人机飞行操作。成都市公安局双流区分局受理群众举报后派员处置，经调查此事属实。该区域属成都双流国际机场净空保护区范围，该男子对未经有关部门批准操作无人机飞行一事供认不讳。根据《中华人民共和国治安管理处罚法》第二十三条第一款第（二）项、第十一条第一款之规定，成都市公安局双流区分局对该男子作出了行政拘留5日并收缴无人机的处罚。

案例二：2017年4月22日16时许，夏某，男，未经西部战区空军和民航空中管制部门批准，在成都市双流区永安镇凤凰村11组永安水库旁进行无人机飞行操作。成都市公安局双流区分局受理群众举报后派员处置，经调查此事属实。该区域属成都双流国际机场净空保护区范围，该男子对未经有关部门批准操作无人机飞行一事供认不讳。根据《中华人民共和国治安管理处罚法》第二十三条第一款第（二）项、第十一条第一款之规定，成都市公安局双流区分局对该男子作出了行政拘留5日并收缴无人机的处罚。

案例三：2017年4月23日15时许，张某，女，未经西部战区空军和民航空中管制部门批准，在成都市双流区永安镇毛家公园足球场内进行遥控模型飞机飞行操作。成都市公安局双流区分局受理群众举报后派员处置，经调查此事属实。该区域属成都双流国际机场净空保护区范围，该女子对未经有关部门批准操作遥控模型飞机飞行一事供认不讳。根据《中华人民共和国治安管理处罚法》第二十三条第一款第（二）项、第十一条第一款之规定，成都市公安局双流区分局对该女子作出了行政拘留5日并收缴模型飞机、电池及遥控器的处罚。

【任务实施】

合法飞行需具备哪些条件？安全飞行注意哪些事项？

知识点 4 无人机系统的规范和规定

（1）尺寸：无人机机长、翼展、机高及系统各部分尺寸应满足产品图样或专用规范的要求。

（2）任务起飞重量：包括任务载重、燃油重量和空机重量。全机重量因装载不同可分为最大起飞重量和正常起飞重量。对于火箭助推发射的无人机的发射重量中应给出包含火箭助推装置的重量和不含火箭装置的重量。

（3）载荷重量：为执行任务所需的设备以及为保证其正常工作所需的能源和可以拆卸的辅助装置的重量。对于不同任务所需的任务设备及其重量，应在专用标准中给出。

（4）燃油重量：分为最大载油量（最大载油量是指机内油箱满载时的燃油重量）、非可用燃油量（非可用燃油量是指不能用于飞行的残余燃油）和任务燃油量（任务燃油量是根据执行规定任务所需的油量）。在具有外挂副油箱的条件下，还应给出带副油箱时的最大载油量。

（5）空机重量：包括机体重量、动力装置和其他动力源重量、机载传感器和回收装置机载部分以及保证无人机飞行控制所需的机载设备的重量。

（6）重心：在设计文件中应分别给出不同重量和载荷情况下的重心变化范围。

（7）起飞（发射）：发射起飞一般包括火箭助推、弹射发射等，应确定主要性能指标，包括推力、时间和发射角度等；车载滑跑起飞应确定主要性能指标，包括起飞重量、起飞速度、起飞角度、滑跑距离等；自主滑跑起飞应确定在规定的外挂构型、正常及最大起飞重量、规定的发动机状态条件下的起飞滑跑距离、离地速度等指标；投放起飞一般包括空中投放和人工抛投等方式，应确定投放的速度、高度及角度等指标。

（8）爬升：爬升性能通常应确定不同外挂和发动机不同状态下的爬升速度、爬升率。

（9）降落：伞降回收一般应确定开伞高度、速度和抗风性能等指标；撞网回收一般应确定撞网速度、角度和位置等指标；自主滑跑降落应确定接地速度、着陆滑跑时间和距离等指标。

（10）速度和高度一般应确定如下指标：

① 最大平飞速度；

② 巡航速度；

③ 实用升限；

④ 最大使用高度。

（11）航程：

① 最大飞行距离。

无人机的最大飞行距离应按下列条件确定：

（a）给定的起飞重量；

（b）最大燃油装载量/动力电池电量，并耗尽可用的机载燃油量/可用电量；

（c）给定的高度，并以远航速度飞行；

（d）考虑起飞、爬升、下滑和着陆所消耗的燃油量/可用电量和飞过的水平距离。

② 控制半径。

按规定的任务构型，无人机的控制半径按下列条件确定：

（a）对于油动无人机，正常燃油装载量，扣除作业任务段所需的燃油量和着陆剩余燃油量后的可用燃油量；

（b）对于电动无人机，正常动力电池电量，扣除作业任务段所需的电量和着陆剩余电量后的可用电量；

（c）考虑起飞、爬升、下滑、着陆所消耗的燃油量/动力电池可用电量和飞过的水平距离；

（d）考虑数据链测控距离。

③ 导航与定位。

无人机根据需要选择定位方式和导航方式，并应明确定位精度。

（12）飞行品质：各项飞行品质要求，应尽可能用三个级别来表示。

① 一级飞行品质：飞行品质能确保无人机顺利地完成各项规定的飞行任务；

② 二级飞行品质：飞行品质适合于无人机完成各项飞行任务，但完成任务的效果有所降低，操纵员需进行适当的干预；

③ 三级飞行品质：飞行品质能满足操作员安全地遥控无人机，但操作员的工作负担过重，或完成任务的效果不好，或两者兼有。

（13）环境适应性：无人机系统所有分系统和设备应能承受贮存、运输、地面工作所规定的各种环境条件，其中无人机、数据链和任务设备还应能承受发射（起飞）、飞行、回收（着陆）条件下各种自然与诱发的环境条件，包括气候、力学、生物环境适应性等。

（14）抗风：无人机在起降阶段和飞行阶段应能抵抗风的影响。不同类型无人机的抗风性要求应满足专用标准要求。

（15）高温、低温：无人机应能在用户或专用标准规定的大气环境温度范围内正常工作、贮存。一般应满足以下要求：

① 机载设备。

（a）在 −40~55 ℃ 环境下正常工作；

（b）在 −50~60 ℃ 环境下贮存时不产生物理损坏或性能下降。

② 地面设备。

（a）在 −20~55 ℃ 环境下正常工作；

（b）在 −40~60 ℃ 环境下贮存时不产生物理损坏或性能下降。

（16）温度冲击：无人机在经受周围大气温度急剧变化（温度冲击）时，应不产生物理损坏或性能下降。

（17）冲击、振动：无人机及其部件应能承受正常使用环境及运输过程中所遇到的冲击、振动。

（18）湿热：无人机系统的各设备应确保在湿热的环境下，其机械性能、电气性能、化学性能及热性能不发生改变。

（19）霉菌：无人机应具备一定的防霉菌能力，确保在高湿、温暖空气及无机盐存在等有利于霉菌生长的条件下，其工作效能不受影响。

（20）盐雾：无人机应具备一定的防盐雾能力，确保在盐雾大气中，其不产生金属的腐蚀、活动部件的阻塞或卡死、绝缘失效、接触器和无涂覆导线的损坏等现象。

（21）防雨：无人机一般应具备一定的防雨能力，确保在一定的淋雨环境下作业或经受淋雨后，其工作效能不受影响。

（22）防沙：无人机应具备一定的防沙能力，确保在风或气流所携带的沙尘条件下，其工作效能不受影响。

（23）流体敏感性：用于农林植保等用途的无人机应具备承受农药等流体污染的有害影响。

（24）电磁兼容性：无人机系统应能在一定的电磁环境下保证全系统兼容工作。无人机的电磁兼容性一般应满足以下要求。

① 静电放电抗扰度应满足 GB/T 17626.2—2018《电磁兼容 试验和测量技术 静电放电抗扰试验》的相关要求；

② 射频电磁场辐射抗扰度应满足 GB/T 17626.3—2016《电磁兼容 试验和测量技术 射频电磁场辐射抗扰度试验》的相关要求；

③ 辐射骚扰应满足 GB 17799.4—2012《电磁兼容 通用标准工业环境中的发射》的相关要求；

④ 天线端传导杂散应满足 YD/T 1483—2016《无线电设备杂散发射技术要求和测量方法》的相关要求。

（25）可靠性：无人机系统的可靠性一般应满足以下要求。

① 无人机的可靠性指标包括平均故障间隔时间（MTBF）（根据设备的不同也可以是平均无故障工作次数、平均无故障里程数等）和/或任务可靠度等，具体值一般由用户与研制方协商确定；

② 应根据用户的可靠性定量要求逐级分配可靠性指标；

③ 应对无人机各系统及设备的设计进行故障模式及影响分析，对关键的或重要的元器件、电路应进行容差分析，并采取相应措施；

④ 应根据对重量、体积、经济性、基本可靠性与任务可靠性的权衡分析，确定是否采用余度设计。

（26）维修性：系统维修性一般包括可达性、互换性、防差错及识别标志、维修安全、检测诊断、零部件可修复性、减少维修内容、降低维修技能要求等。保障与维修分系统的配置一般要按现场级和返厂两个层次配置，详细指标和要求按照专用标准执行。

现场级维修与保障设备主要完成无人机系统发射时的地面供电、无人机装卸、油料加注、无人机综合检测、系统的日常维护，并把无人机系统故障定位到可更换的设备和部件级。

返厂保障与维修应能对无人机系统的各个分系统、设备和部件进行检测和维修，确保系统任何故障均能修复。

（27）保障性：无人机系统的保障性一般应满足以下要求。

① 保障性设计要求和保障资源要求包括维修人员数量、随机备件清单等应满足使用要求；

② 保障设备、工具品种和数量应合理，便于使用维护，必要的保障设备和工具应与无人机同步交付；

③ 对于保障维修设备，也应考虑其可靠性、维修性设计问题。

（28）测试性：系统应合理划分功能与结构，设置测试点，确定嵌入式诊断、有关外部诊断测试、兼容性及维修能力，有关指标按专用标准执行。

（29）安全性：无人机系统进行安全性设计时一般应满足以下原则。

① 在无人机系统研制过程中，可参照 HB 7583——1998《飞行区域安全性分析》，应充分考虑采取的工作原理、使用方式、材料与器件的安全合理性，确保人员和设备安全；

② 无人机系统的安全性应从设计制造、质量控制、可靠性、维修性、人-机-环境系统工程、健康保障、经济性等方面综合协调，确保安全技术措施的实施；

③ 当安全性技术措施与其他因素发生矛盾时，应首先保证安全技术措施的落实；

④ 安全技术措施的保障途径优先次序为最小风险设计、采用安全装置、采用报警装置与标志、制定专用规程和进行专门培训等。

（30）运输性：无人机系统研制时应考虑便携性，优先选择易拆卸、可伸缩或可折叠的结构连接方式。在运输过程中，应防止无人机系统损伤。

（31）人机交互：无人机系统人机交互设计一般应满足以下要求。

① 地面控制单元的设计应满足安全、高效、舒适的要求；

② 地面控制单元设计应满足人机交互界面友好、匹配，人机功能分工合理的要求；

③ 帮助和提示信息应简明、清晰、易懂；

④ 操作应灵活、方便，自动化程度高，减轻长期操作的劳动强度。

（32）材料：应按现行的国家标准和行业标准选用材料。所选材料的强度、刚度、抗疲劳性、物理化学性能及电性能等应满足设计要求。材料的选用应考虑到维修中的互换、备料和代料。

（33）标准件：应按照国家有关标准选用标准件。标准件（含紧固件）的类型、尺寸规格应尽量少，应优先在专用标准限定的范围内选用。所有螺栓、螺钉、螺母连接应满足连接强度要求并有防松措施。

（34）颜色：应符合专用标准要求。订购方如有特殊要求，可按合同或技术协议约定执行。

（35）标识：应按专用标准要求提供标识。标识应标明产品的型号、名称、序号、出厂日期、生产单位。

（36）零组件标记：可互换的备用零组件需要标明零件号。

知识点 5　无人机驾驶员的相关标准和规定

1. 管理机构

无人机系统分类较多，所适用空域远比有人驾驶航空器广阔，因此有必要对无人机系统驾驶员实施分类管理。

（1）在下列情况下，无人机系统驾驶员自行负责，无须证照管理：

① 在室内运行的无人机。

② Ⅰ、Ⅱ类无人机（如运行需要，驾驶员可在无人机云系统进行备案。备案内

容应包括驾驶员真实身份信息、所使用的无人机型号,并通过在线法规测试)。

③ 在人烟稀少、空旷的非人口稠密区进行试验的无人机。

(2)下列情况下,无人机驾驶员由行业协会实施管理,局方飞行标准部门可以实施监督:

① 在隔离空域内运行的除Ⅰ、Ⅱ类以外的无人机。

② 在融合空域内运行的Ⅲ、Ⅳ、Ⅴ、Ⅵ、Ⅶ类无人机。

(3)在融合空域运行的Ⅺ、Ⅻ类无人机,其驾驶员由局方实施管理。

2. 行业协会对无人机系统驾驶员的管理

(1)实施无人机系统驾驶员管理的行业协会须具备以下条件:

① 正式注册五年以上的全国性行业协会,并具有行业相关性;

② 设立了专门的无人机管理机构;

③ 建立了可发展完善的理论知识评估方法,可以测评人员的理论水平;

④ 建立了可发展完善的安全操作技能评估方法,可以评估人员的操控、指挥和管理技能;

⑤ 建立了驾驶员考试体系和标准化考试流程,可实现驾驶员训练、考试全流程电子化实时监测;

⑥ 建立了驾驶员管理体系,可以统计和管理驾驶员在持证期间的运行和培训的飞行经历、违章处罚等记录;

⑦ 已经在民航局备案。

(2)行业协会对申请人实施考核后签发训练合格证,在第 5 条第(2)款所述情况下运行的无人机系统中担任驾驶员,必须持有该合格证。

(3)训练合格证应定期更新,更新时应对新的法规要求、新的知识和驾驶技术等内容实施必要的培训,如需要,应进行考核。

(4)行业协会每六个月向局方提交报告,内容包括训练情况、技术进步情况、遇到的困难和问题、事故和事故征候、训练合格证统计信息等。

3. 局方对无人机系统驾驶员的管理

(1)执照要求。

① 在融合空域 3 000 m 以下运行的Ⅺ类无人机驾驶员,应至少持有运动或私用驾驶员执照,并带有相似的类别等级(如适用);

② 在融合空域 3 000 m 以上运行的Ⅺ类无人机驾驶员,应至少持有带有飞机或直升机等级的商用驾驶员执照;

③ 在融合空域运行的Ⅻ类无人机驾驶员,应至少持有带有飞机或直升机等级的商用驾驶员执照和仪表等级;

④ 在融合空域运行的Ⅻ类无人机机长,应至少持有航线运输驾驶员执照。

(2)对于完成训练并考试合格的人员,在其驾驶员执照上签注如下信息:

① 无人机型号;

② 无人机类型;

③ 职位，包括机长、副驾驶。

（3）熟练检查。

驾驶员应对每个签注的无人机类型接受熟练检查，该检查每 12 个月进行一次。检查由局方可接受的人员实施。

（4）体检合格证。

持有驾驶员执照的无人机驾驶员必须持有按中国民用航空规章《民用航空人员体检合格证管理规则》（CCAR-67FS）颁发的有效体检合格证，并且在行使驾驶员执照权利时随身携带该合格证。

（5）航空知识要求。

申请人必须接受并记录培训机构工作人员提供的地面训练，完成下列与所申请无人机系统等级相应的地面训练课程并通过理论考试。

① 航空法规以及机场周边飞行、防撞、无线电通信、夜间运行、高空运行等知识。

② 气象学，包括识别临界天气状况，获得气象资料的程序以及航空天气报告和预报的使用。

③ 航空器空气动力学基础和飞行原理。

④ 无人机主要系统，导航、飞控、动力、链路、电气等知识。

⑤ 无人机系统通用应急操作程序。

⑥ 所使用的无人机系统特性，包括：

A. 起飞和着陆要求。

B. 性能：

a. 飞行速度；

b. 典型和最大爬升率；

c. 典型和最大下降率；

d. 典型和最大转弯率；

e. 其他有关性能数据（如风、结冰、降水限制）；

f. 航空器最大续航能力。

C. 通信、导航和监视功能：

a. 航空安全通信频率和设备，包括：

（a）空中交通管制通信，包括任何备用的通信手段；

（b）指令与控制数据链路（C2），包括性能参数和指定的工作覆盖范围；

（c）无人机驾驶员和无人机观测员之间的通信，如适用。

b. 导航设备。

c. 监视设备（如 SSR 应答，ADS-B 发出）。

d. 发现与避让能力。

e. 通信紧急程序，包括：

（a）ATC 通信故障；

（b）指令与控制数据链路故障；

（c）无人机驾驶员/无人机观测员通信故障，如适用。

f. 控制站的数量和位置以及控制站之间的交接程序，如适用。

（6）飞行技能与经历要求。

申请人必须至少在下列操作上接受并记录了培训机构提供的针对所申请无人机系统等级的实际操纵飞行或模拟飞行训练。

① 对于机长：

A. 空域申请与空管通信，不少于 4 小时；

B. 航线规划，不少于 4 小时；

C. 系统检查程序，不少于 4 小时；

D. 正常飞行程序指挥，不少于 20 小时；

E. 应急飞行程序指挥，包括规避航空器、发动机故障、链路丢失、应急回收、迫降等，不少于 20 小时；

F. 任务执行指挥，不少于 4 小时。

② 对于驾驶员：

A. 飞行前检查，不少于 4 小时；

B. 正常飞行程序操作，不少于 20 小时；

C. 应急飞行程序操作，包括发动机故障、链路丢失、应急回收、迫降等，不少于 20 小时。

上述 A 款内容不包含 B 款所要求内容。

（7）飞行技能考试。

① 考试员应由局方认可的人员担任。

② 用于考核的无人机系统由执照申请人提供。

③ 考试中除对上述训练内容进行操作考核，还应对下列内容进行充分口试：

A. 所使用的无人机系统特性；

B. 所使用的无人机系统正常操作程序；

C. 所使用的无人机系统应急操作程序。

知识点 6　无人机安全飞行

无人机安全飞行需要从多方面考虑，在这里我们简单总结一下常见的 10 个操作注意事项。

1. 检查飞行设备

在多次飞行之后，无人机通常都会有一些磨损，要是不注意的话，小问题可能就会引发大问题。所以每次飞行之前，认真检查无人机的各处细节，包括遥控器等地面设备。

2. 确保设备电量充足

动力电池是无人机的动力来源，电池电量不足，飞不了多久就没电了，很容易出现来不及返航的情况。同时也要检查地面遥控器、手机等设备的电量。

3. 选择空旷的飞行场地

选好场地，就算出了意外也不会造成太大的第三者损失。

4. 请勿超过安全飞行高度

有关部门规定，遥控飞行器飞行高度不得高于 120 米（400 英尺），否则就需要申报。

5. 请勿酒后操作飞机

酒精会影响人的反应和判断能力，影响对无人机的操控，酒后操作容易产生事故。

6. 请在视距范围内飞行

很多人都喜欢把无人机飞得很远，觉得这样很过瘾。但其实只要超出视距范围，无人机的姿态将很难被察觉，万一图传系统出现问题，很难靠肉眼观察而把无人机飞回来。

7. 请时刻保持对飞机的控制

有些人觉得无人机的自动返航功能很方便，按下开关，丢下遥控器，无人机就会自己回来了。但其实这样存在一定风险，如果可以的话，请手动控制进行返航，以便全权掌控返航的情况。

8. 请在 GPS 信号良好的情况下飞行

没有 GPS 或者 GPS 信号不良时，无人机就很难实现自主定位悬停，容易出现事故。

9. 遵守当地法律法规

提前了解飞行区域当地的法律法规是很重要的。曾有人在三峡大坝上用小的无人机航拍，结果第二天就被有关部门查获，无人机被没收，并且罚款 1 000 元。原因就是很多年前，三峡大坝就已经是禁飞区了。

10. 提升飞行技巧

多交流，不断提升自己的飞行技巧，增强自己的信心，对稳定操控无人机有着重要的作用。

以上 10 点，如果都能遵守并且坚持下去，相信在操作无人机时就会变得更安全。

【任务测评】

分小组讨论，合法飞行需具备哪些条件？安全飞行注意的事项有哪些？

【扩展阅读】

川航客机备降事件生死 2400 秒

川航 3U8633 备降时间轴：
07:00 川航 3U8633 航班驾驶舱右座风挡玻璃忽然出现裂纹，之后脱落
07:10 川航 3U8633 航班发出"7700"紧急求助信号。
07:12 川航 3U8633 航班从 9 400 米急速下降 7 200 米。
07:13 川航 3U8633 航班暂时与地面失去联系。
07:15 地面确认该航班风挡破裂，决定备降成都双流机场。
07:20 川航 3U8633 航班与地面进行间歇性联系。成都双流机场现已做好备降准备。
07:22 地面各单位严密监控空中动态。
07:42 川航 3U8633 安全备降成都双流机场。

2018 年 5 月 14 日早上，四川航空由重庆飞往拉萨的 3U8633 航班，在四川空域内飞行途中时，驾驶舱右侧玻璃突然破裂。驾驶舱内瞬间失压，气温降低到零下 40 ℃。机组副驾驶半个身子被"吸"了出去。危急关头，机长刘传健在自动化设备失灵的的情况下，凭借 20 年的飞行经验和异于常人的心理素质，手动操纵飞机，于 7 时 40 分左右，成功让飞机备降在了成都双流机场，挽救了 119 位乘客和 9 名机组人员的生命。

5 月 15 日凌晨 3 点，四川航空股份有限公司再次发布情况说明，表达对中国民航局、民航西南地区管理局、四川省机场集团等社会各界的感谢。在飞机紧急下降的 2 400 秒过程中，川航机长刘传健不是一个人在战斗。

7:00 遇险

万米高空惊魂，风挡突然破裂。2018 年 5 月 14 日早上 6 时 27 分，川航 3U8633 航班从重庆江北机场起飞。7 时左右，飞过成都后 100～150 千米位置时，驾驶舱右座风挡玻璃忽然出现裂纹。"不好！"曾担任多年空军第二飞行学院教员的机长刘传健心里咯噔了一下。飞机此时位于 9800 米的高空，由于舱内外气压差，驾驶舱玻璃上承受的压力可以按"吨"计算，这很可能导致风挡玻璃破碎。必须马上备降！机组立即向空管部门申请下降高度，并请求备降最近的成都双流国际机场。成都区域空管部门马上发出相关指令，引导航班返航。就在此时，"轰"的一声，风挡玻璃承受不住高压突然爆裂。驾驶舱就像一个扎紧的气球被针突然刺破，猛烈的风一下涌进来，仪表上的东西瞬间被吸了出去。在近万米高空中，副驾驶徐瑞辰还没反应过来，强风就把他的半个身子都"吸"了出去，好在他系着安全带，被拉了回来。低温、噪音瞬间充斥着整个驾驶舱，情况十分危急。客舱内氧气面罩脱落。

7:12 急降

飞机急速下降，客舱突然断电。飞机下降得很快，最高达到了每秒 51 米。飞机刚刚飞了半个多小时，正是吃早餐的时间，乘务员推着餐车，给乘客们发放早餐。第一次坐飞机的四川西昌籍旅客骆田正准备享受早餐，突然，飞机开始剧烈抖动，小桌

板上的餐食掉到地上，氧气面罩从头顶掉了下来，他心里一沉："完了。"25岁的西藏拉萨籍旅客平措正在打盹。突然听到一声巨响，机舱骤然变暗，氧气面罩垂落，飞机失重急速下降，甚至可以清晰地看到飞机下方的冰山。飞机不再继续下降，平稳地向前飞行。机长刘传健经历过无数次"玻璃爆破"的模拟演练，深知面对危险，最重要的是按照程序处置，不能让飞机失控。他急速下降飞机以减压，并抓住掉落的氧气面罩戴上，发出 7700 紧急代码——这代表飞机出现紧急情况。乘客眼中都是恐慌。有的开始发问："发生了什么事？"乘务员没有解释，只是反复说："请大家在原位上坐好，戴好氧气面罩，请相信我们，我们有信心有能力带大家备降地面。"

7:15 盲飞

机长手动操控，目视驾驶飞机。此时的驾驶舱，正经历着生死劫。噪音巨大，听不到无线电指令；瞬间失压，眼膜、耳膜、皮肤被巨大的力量撕扯着；极寒低温，气温零下40 ℃。飞机在7 000多米的高空，下面是川西高原的冰山。刘传健用力控制住飞机。"如果在零下四五度的哈尔滨大街上，以200公里的时速开车，你把手伸出窗外，能做什么？"事后，刘传健这样比喻。当时的飞行速度是 800～900 千米/时，零下数十摄氏度的低温。刘传健在这条航路飞了上百次，凭着目视驾驶飞机，使其平稳飞行。成都区域空管部门，也是一片忙碌。无线电联系断掉了，根据雷达信号，飞机还在正常的轨迹上。按照正常的应急程序，不断给机组发出指令，告知坐标、高度等。同时，向同一航路上的其他航班发送指令，要求避让，腾出空中绿色通道。

7:42 降落

航班安全着陆，所有乘客平安。7时42分，航班安全降落，119位乘客和9名机组人员悬着的心终于放下了。人群有序地走下飞机，才看见机头的玻璃少了一块。摆渡车带着劫后余生的乘客们转到休息室。来了很多救援的人和车，藏族小伙平措和邻座素昧平生的小伙子紧紧拥抱在一起，庆祝这场"有惊无险"。他在朋友圈深情地写下："感谢3U8633航班的飞行员和空姐，是你们的镇定，创造出了迫降奇迹。为你们点赞！"11时许，民航西南管理局发布消息：在民航各保障单位密切配合下，机组正确处置，飞机安全备降，所有乘客平安落地。27名感觉不适的乘客被送到成都市第一人民医院，经检查后没有明显异常。58名乘客选择乘坐12时的航班，继续飞往拉萨。

模块 2　无人机飞行作业

任务 3　无人机飞行作业准备

【情景创建】

案情简介：2020 年 4 月 30 日 15 时许，深圳市龙岗公安分局大运城所巡逻警力在龙岗区大运中心足球场旁人行道时，发现一名男子正在使用手机操控无人机飞行。由于该处属于禁飞区域，民警对此高度重视，在得知该男子未经报备后，立即予以制止，并对其进行传唤调查。

调查与处理：口头传唤到派出所后，龙岗公安分局办案民警对该男子进行了询问并制作询问笔录，该男子李某（24 岁）交代了未经报备、超高飞行无人机的违法事实。同时，民警还收集了其操作无人机的现场照片、物证等相关证据。

最终查明，违法行为人李某为了拍摄视频素材，在未经报备的情况下，在禁飞区域操作无人机进行超高飞行，违反了《深圳市民用微轻型无人机管理暂行办法》第二十五条第一项、第四十条之规定，处以罚款 1000 元。经批评教育和处罚后，违法行为人认识到了自己的错误，表示愿意立即改正，今后严格按照相关规定操作无人机。

法律分析：近年来，无人机的数量逐渐增多，使用频率也越来越高，无人机的管理工作日益受到重视。为了加强民用轻微型无人机管理，维护公共安全和飞行安全，深圳市人民政府制定了《深圳市民用微轻型无人机管理暂行办法》（以下简称《办法》），2019 年 3 月 1 日起开始施行。根据该《办法》第二十五条第一项的规定，未经批准，禁止在真高 120 米以上范围飞行轻型无人机。根据该《办法》第四十条，违反前述规定的，由公安机关处以 1 000 元罚款。违法行为人未经报备，在禁飞区域违规飞行无人机，最高飞行高度达到 230 米，严重违反了该规定，处 1 000 元罚款符合规定。

典型意义：深圳市人民政府出台的《深圳市民用微轻型无人机管理暂行办法》对规范无人机管理、使用，保障公共安全和飞行安全有非常重要的意义。这宗案件是龙岗警方查处的第一宗"黑飞"案件，对无人机使用者有重要警示作用。

【任务实施】

合法飞行前，需要做哪些准备工作？

知识点 7　无人机飞行作业准备

1. 无人机驾驶员

轻型无人机驾驶员应当年满 14 周岁，未满 14 周岁应当有成年人现场监护；小型无人机驾驶员应当年满 16 周岁；中型、大型无人机驾驶员应当年满 18 周岁。

操控微型无人机的人员需掌握运行守法要求。驾驶轻型无人机在相应适飞空域飞行，需掌握运行守法要求和风险警示，熟悉操作说明；超出适飞空域飞行，需参加安全操作培训的理论培训部分，并通过考试取得理论培训合格证。

独立操作的小型、中型、大型无人机，其驾驶员应当取得安全操作执照。分布式操作的无人机系统或者集群，其操作者个人无需取得安全操作执照，组织飞行活动的单位或者个人以及管理体系应当接受安全审查并取得安全操作合格证。

驾驶员应当接受民用航空管理机构、飞行管制部门以及公安机关进行的身份和资质查验。因故意犯罪曾经受到刑事处罚的人员，不得担任中型、大型无人机驾驶员。

2. 飞行空域

无人机飞行空域划设应当遵循统筹配置、灵活使用、安全高效原则，充分考虑国家安全、社会效益和公众利益，科学区分不同类型无人机飞行特点，以隔离运行为主、兼顾部分混合飞行需求，明确飞行空域的水平、垂直范围和使用时限。

未经批准，微型无人机禁止在以下空域飞行：

（1）真高 50 米以上空域。

（2）空中禁区以及周边 2 000 米范围。

（3）空中危险区以及周边 1 000 米范围。

（4）机场、临时起降点围界内以及周边 2 000 米范围的上方。

（5）国界线、边境线到我方一侧 2 000 米范围的上方。

（6）军事禁区以及周边 500 米范围的上方，军事管理区、设区的市级（含）以上党政机关、监管场所以及周边 100 米范围的上方。

（7）射电天文台以及周边 3 000 米范围的上方，卫星地面站（含测控、测距、接收、导航站）等需要电磁环境特殊保护的设施以及周边 1 000 米范围的上方，气象雷达站以及周边 500 米范围的上方。

（8）生产、储存易燃易爆危险品的大型企业和储备可燃重要物资的大型仓库、基地以及周边 100 米范围的上方，发电厂、变电站、加油站和大型车站、码头、港口、大型活动现场以及周边 50 米范围的上方，高速铁路以及两侧 100 米范围的上方，普通铁路和省级以上公路以及两侧 50 米范围的上方。

（9）军航超低空飞行空域。

上述微型无人机禁止飞行空域由省级人民政府会同战区确定具体范围，由设区的市级人民政府设置警示标志或者公开相应范围。警示标志设计，由国务院民用航空主管部门负责。

划设以下空域为轻型无人机管控空域：

（1）真高120米以上空域。

（2）空中禁区以及周边5 000米范围。

（3）空中危险区以及周边2 000米范围。

（4）军用机场净空保护区，民用机场障碍物限制面水平投影范围的上方。

（5）有人驾驶航空器临时起降点以及周边2 000米范围的上方。

（6）国界线到我方一侧5 000米范围的上方，边境线到我方一侧2 000米范围的上方。

（7）军事禁区以及周边1 000米范围的上方，军事管理区、设区的市级（含）以上党政机关、核电站、监管场所以及周边200米范围的上方。

（8）射电天文台以及周边5 000米范围的上方，卫星地面站（含测控、测距、接收、导航站）等需要电磁环境特殊保护的设施以及周边2 000米范围的上方，气象雷达站以及周边1 000米范围的上方。

（9）生产、储存易燃易爆危险品的大型企业和储备可燃重要物资的大型仓库、基地以及周边150米范围的上方，发电厂、变电站、加油站和中大型车站、码头、港口、大型活动现场以及周边100米范围的上方，高速铁路以及两侧200米范围的上方，普通铁路和国道以及两侧100米范围的上方。

（10）军航低空、超低空飞行空域。

（11）省级人民政府会同战区确定的管控空域。

未经批准，轻型无人机禁止在上述管控空域飞行。管控空域外，无特殊情况均划设为轻型无人机适飞空域。

植保无人机适飞空域，位于轻型无人机适飞空域内，真高不超过30米，且在农林牧区域的上方。

3. 无人机

2018年国家新出的规定中明确指出，除微型无人机外其他所有的无人机都需要进行实名登记，登记方式是在民航局公布的无人机实名登记网站上登记个人信息和无人机信息，并且还需要把信息生成的二维码打印出来贴在无人机上作为标记，而实名登记认证的信息要与飞行管理部门和公安部门双方进行共享。

4. 飞行运行

从事无人机飞行活动的单位或者个人实施飞行前，应当向当地飞行管制部门提出飞行计划申请，经批准后方可实施。

微型无人机在禁止飞行空域外飞行，无须申请飞行计划。轻型、植保无人机在相应适飞空域飞行，无需申请飞行计划，但需向综合监管平台实时报送动态信息。

无人机飞行计划内容通常包括：

（1）组织该次飞行活动的单位或者个人；

（2）飞行任务性质；

（3）无人机类型、架数；
（4）通信联络方法；
（5）起飞、降落和备降机场（场地）；
（6）预计飞行开始、结束时刻；
（7）飞行航线、高度、速度和范围，进出空域方法；
（8）指挥和控制频率；
（9）导航方式，自主能力；
（10）安装二次雷达应答机的，注明二次雷达应答机代码申请；
（11）应急处置程序；
（12）其他特殊保障需求。

有特殊要求的，应当提交有效任务批准文件和必要资质证明。

无人机飞行计划按照下列规定权限批准：

（1）在机场区域内的，由负责该机场飞行管制的部门批准；
（2）超出机场区域在飞行管制分区内的，由负责该分区飞行管制的部门批准；
（3）超出飞行管制分区在飞行管制区内的，由负责该区域飞行管制的部门批准；
（4）超出飞行管制区的，由空军批准。

使用无人机执行反恐维稳、抢险救灾、医疗救护或者其他紧急任务的，可以提出临时飞行计划申请。临时飞行计划申请最迟应当于起飞30分钟前提出，飞行管制部门应当在起飞15分钟前批复。

申请并获得批准的无人机飞行计划，组织该次飞行活动的单位或者个人应当在无人机起飞1小时前向飞行管制部门报告计划开飞时刻和简要准备情况，经放飞许可方可飞行；飞行中实时掌握无人机飞行动态，保持与飞行管制部门通信联络畅通；飞行结束后，及时报告飞行实施情况。

隔离空域内飞行，无人机之间飞行间隔应当不低于现行飞行间隔规定。

隔离空域外飞行，无人机之间、无人机与有人驾驶航空器之间应当保持一定间隔。

执行特殊任务的国家无人机或者经充分安全认证的中型、大型无人机，可以与有人驾驶航空器混合飞行，无人机之间、无人机与有人驾驶航空器之间的飞行间隔，均不低于现行飞行间隔规定。

轻型无人机在适飞空域上方不超过飞行安全高度飞行，小型无人机在轻型无人机适飞空域及上方不超过飞行安全高度的飞行，且同时满足下列条件的，无人机之间、无人机与有人驾驶航空器之间的飞行间隔不高于现行飞行间隔规定：

（1）能够按要求自动向综合监管平台报送信息，包括位置、高度、速度、身份标识；
（2）遥控站（台）与无人机、飞行管制部门保持持续稳定的双向通信联络；
（3）航线保持精度上下各50米、左右各1 000米以内；
（4）能够自动按照预先设定的飞行航线和高度自主返航或者备降。

轻型无人机在适飞空域上方不超过飞行安全高度飞行，小型无人机在轻型无人机适飞空域及上方不超过飞行安全高度的飞行，不能同时满足上述条件的，无人机之间、无人机与有人驾驶航空器之间的飞行间隔不低于现行飞行间隔规定。

无人机飞行应当避让有人驾驶航空器飞行。轻型、植保无人机通常在相应适飞空域飞行，并主动避让有人驾驶航空器、国家无人机和小型、中型、大型无人机飞行；微型无人机飞行，应当保持直接目视接触，主动避让其他航空器飞行。

除执行特殊任务的国家无人机外，夜间飞行的无人机应当开启警示灯并确保处于良好状态。

未经飞行管制部门批准，禁止轻型无人机在适飞空域从事货物运输，禁止在移动的车辆、船舶、航空器上（内）驾驶除微型无人机以外的无人机。

【任务测评】

分组讨论，在进行无人机飞行作业时应该注意哪些突发状况？

【扩展阅读】

中国航空之父冯如

有关天河，繁华总是描述的关键词。这是一个欢迎梦想的地方，这里有热血、有热泪、有热情……放眼天河当下，你会为这里的腾飞之貌满怀激荡。而寻觅天河过往，你亦会发觉，无数风云人物曾在此演绎他们那个时代的精彩，他们怀揣着伟大的梦想，以坚定的信念、超凡的勇气、不懈的努力，成就了一番番壮举。他们似那夜空中不灭的亮星，指引着后人奋勇前行。

鹰击长空，航空之父英魂留天河

在天河区林和街花生寮社区的绿树掩映下，有这样一尊雕像：他身着飞行服，头戴飞行帽，盎然挺立，目光坚定地望向远方……来往的人，总要在此驻留片刻，细细端详，缅怀那段波澜壮阔的岁月。在雕像旁边，有一座石碑，碑文用浑厚的楷体写着：冯如坠机处。

冯如（图2-1），被誉为中国航空之父。1912年8月25日，冯如在燕塘表演飞行不幸失事牺牲，年仅29岁。他短暂的一生似流星在天河这里坠落，但他的英魂却似旭日在这里升起，照亮了中国航空事业的发展前路。

图2-1　冯如（1884—1912年）

心怀崇敬，让我们共回首冯如那短暂却又壮烈的一生，看旧时那少年是怎样无惧亦无拘地带着一代人的梦想，鹰击长空。

壮志凌云，远渡美国寻救国梦想

冯如，原名冯九如，1884年出生在广东恩平牛江镇杏圃村一个贫困的农民家庭，排行第五。恩平是广东有名的侨乡，很多人赴海外谋生。冯如 12 岁时，他在美国做小生意的舅父吴英兰回乡探亲，当时小冯如已经因家庭贫困辍学多年，听到舅父讲美国社会的发达后，便希望能随其到美国谋生。

征得父母同意后，冯如随舅父到了美国旧金山。在那里，他目睹了美国机器工业的强大，内心受到巨大触动，他在日记中写道："尝谓国家之富强，由于工艺发达，而工艺发达，必有赖于机器。非学习机器不足以助工艺之发达。"他深刻认识到机器工业对于国家富强的重要性。白天，他在工厂做工，晚上学习各类技术知识和英语。经过十年的学习积累，他已经精通机械和电机方面的专业知识，并熟练设计和制造出小型发电机、抽水机、打桩机、无线电报机等一批机器，在美国社会得到广泛赞誉。

赫赫有名，试飞成功享誉航空界

1903 年 12 月 17 日，美国莱特兄弟自制的第一架飞机试飞成功。1904 年 2 月，日俄战争在中国东北的土地上爆发，至 1905 年 5 月结束。1905 年 9 月，日俄在美国的调停下签订《朴次茅斯和约》，和约规定将辽东半岛南端的旅顺口、大连及附近海域转让给日本，从长春到旅顺口的铁路也交给日本。这两件事给了冯如极大刺激，他说："是（指制造机器）岂足以救国者。吾闻军用利器，莫飞机若，誓必身为之倡，成一绝艺以归飨祖国，苟无成，毋宁死！"从此，他立下了航空救国伟大理想，决心以一技之长报效祖国。

1906 年，冯如从纽约返回旧金山，他对青年华侨朱竹泉说："日、俄战事大不利于祖国，当此竞争时代，飞机为军事上万不可缺之物，以其制一战舰，费数百万之金钱，何不将此款以造数百只飞机，价廉工省。倘得千只飞机分守中国港口，内地可保无虞。"冯如较早地意识到航空在军事上的重要性，这是世界上最早对制空权的认识。1909 年，意大利军事理论家朱里奥·杜黑才提出这一理论。

为了制造中国人的第一架飞机，冯如变卖了金银玉器等家产，并得到黄杞、张南和谭耀能的支持，筹得资金 1 000 余美元。1908 年 5 月，他们在奥克兰市东九街一间面积仅 7.4 平方米的屋子里成立"广东制造机器厂"。1909 年 9 月，冯如终于制成第一架飞机。9 月 17 日，他驾驶这架飞机在不超过 15 米的高度飞行。在着陆时由于发动机故障，下降过快，导致一个轮子损坏。9 月 21 日，他进行了第二次试飞，在不超过 15 米的高度下飞行了约 800 米（见图 2-2）。由于螺旋桨突然停转，飞机坠落，尾部起落架及轮子损毁，所幸冯如未受伤。经检查发现，是飞机螺旋桨根部的螺丝拧得过紧导致螺旋桨断裂，但飞机的设计与制造仍是成功的。

图 2-2　冯如驾驶着自制的飞机 —— 冯如一号

冯如的成功引起了美国社会的广泛关注。1909年9月23日，美国《旧金山考察家报》《旧金山呼声报》等报纸分别以《在航空领域，中国人把白人抛在后面》《中国人驾驶自制的飞机在空中飞行》为题，报道冯如制造飞机及试飞的经过，这极大地鼓舞了旅美华人华侨，他们纷纷对冯如表示支持。1909年10月28日，冯如得到更多的资金支持，将"广东制造机器厂"提升为"广东制造机器公司"，以"广东制造机器公司试办飞船招优先股"的名义募集资金，至1910年2月19日已募得资金5 875元美元。

1911年1月，冯如终于制成了改进后的新型飞机。1月18日，他在奥克兰市的艾劳赫斯特广场公开试飞，飞机在约12米的高度上飞行了1 600米，然后向旧金山海湾飞去，最后降落在广场，历时4分钟。这次试飞堪称完美，也证明了新飞机在设计、制造上有了进一步提升。

落址天河，满腔热血归国造飞机

1911年1月，清政府两广总督张鸣岐电邀冯如回国，请他协助建立航空队伍。当时，很多美国企业家想重金聘请他指导飞机制造工作，冯如毅然拒绝了，带着一腔报国热情返回祖国。1911年3月，冯如携带两架飞机零件和制造设备到达香港，张鸣岐专门派宝璧号军舰前往迎接。到达广州后，清政府为其在现今的天河燕塘地区划定飞机制造和飞行场地。

1911年10月，武昌起义爆发，清政府倒台。冯如长期在美国生活，思想倾向革命，积极支持革命政府，被任命为广东革命军飞机长。他在燕塘建立起广东飞行器公司，这是中国第二家飞机制造公司（第一家为1910年清政府开办的南苑飞机工厂）。

冯如响应革命政府号召，加班加点制造用于北伐的侦察飞机。1912年3月，冯如在燕塘终于制造出中国本土的第一架飞机。

英年早逝，以身殉国唯梦想不坠

1912年8月25日，冯如在燕塘机场为群众作公开飞行表演，当时前来观看的人数以万千计。他先是向人们介绍了飞机的制造、驾驶等基本知识，然后驾机腾空而起，飞机在离地面约36米的高度飞行了约8 000米，观看者纷纷鼓掌赞赏。为了进一步展现飞机的性能，冯如想飞得更高，便大力拉高机头，谁知飞机变得难以控制，迅速坠落在沙河地区的竹林中，冯如被甩出机外身负重伤。后因失血过多，以身殉国，时年29岁。

在弥留之际，冯如仍勉励助手道："勿因吾毙而阻其进取心，须知此为必有之阶段。"可见，冯如为发展中国航空事业奋斗一生，至死不渝，犹嘱后人，实可敬佩之至。

当时，社会各界无不对冯如的罹难表示哀悼，中西报刊纷纷报道这一沉痛消息，缅怀冯如的丰功伟绩。冯如遗体葬于黄花岗七十二烈士墓左侧，墓碑正面篆刻有"中国始创飞行大家冯君如之墓"的碑文，背面刻中华民国临时大总统"从优照少将阵亡给恤"的命令，两旁刻有冯如墓志铭。事后，广东军政府陆军司下令表彰，按陆军少将阵亡例拨款抚恤其家属，并将事实宣付国史馆，以教育后人，流芳百世。1933年，广东空军将坟迁至云鹤岭空军坟场。1966年被毁，尸骸移至广州三宝圩荒山。1980年迁回黄花岗，1985年恩平县建立冯如纪念馆、其故乡又建造了冯如纪念亭、纪念楼和冯如纪念中学。

缅怀先驱，天河区政府立碑纪念

1988年，沙河文博会在冯如坠机处树立"冯如坠机处纪念碑"。碑文："中国始创飞行大家冯如于 1912 年 8 月 25 日在燕塘表演飞行，不幸坠机于此殒命葬于黄花岗。"2004 年，天河区政府重修纪念碑，并在旁边建一座花岗岩冯如像。石像高 1.85 米，立于黑色基座上，冯如身着飞行服，目光如炬，傲然挺立。基座碑文："冯如，广东恩平市人，中国最早的飞机设计师和飞行家。1912 年 8 月 25 日在广州燕塘进行飞行表演时，因机件失灵，飞机坠于此处。冯如身受重伤，经抢救无效，不幸牺牲。"

冯如的一生是短暂而光辉的。他是一位富于创造精神并勇于实践的爱国科技专家，更是一位积极开创和发展中国航空事业并为之献身的勇敢的航空先驱。冯如的不朽功绩，实现了中华民族数千年来的飞天梦，开创了华夏子孙发展近代航空事业之先河！

（转载：广州市天河区博物馆）

任务 4 多旋翼无人机的飞行

【情景创建】

全国职业院校无人机应用创新技能大赛由全国航空工业职业教育教学指导委员会主办。大赛以"创新技能，成就未来"为主题，既是一项应用创新技能实践活动，又是一项融科技性、实用性、趣味性于一体的，面向全国职业院校的，兼具无人机应用创新技能与航空职业教育双重特点的专业赛事。其中一项赛事为航拍应用。

【任务实施】

利用多旋翼无人机搭载任意设备，完成校园航拍。

知识点 8 多旋翼无人机的飞行训练

多旋翼无人机的螺旋桨转速快，飞行安全至关重要。在操控无人机之前，要仔细阅读无人机使用手册，并注意以下要求。

1. 飞行环境要求

多旋翼无人机飞行环境具有以下要求。
（1）尽量选择平坦地面启动一键起飞和一键降落功能。
（2）在前 10 次起飞前，确保起飞点周围 50 m 内、无人机飞行环境 50 m 内无遮挡物，远离人群。
（3）恶劣天气下请勿飞行，如大风、下雪、下雨、有雾天气等。
（4）选择开阔、周围无高大建筑物的场所作为飞行场地，避免无人机返航时发生碰撞。大量使用钢筋的建筑物会影响指南针的工作，而且会遮挡 GPS 信号，导致无人机定位效果变差，甚至无法定位。

（5）飞行时，保持在视线内控制，远离障碍物、人群、树木、水面、高压线等。

（6）不要在电磁环境较为复杂的场所飞行，如高压线附近、大型电力设备附近、移动通信基站附近，高大建筑群附近等，以免遥控器受到干扰。

（7）较大的灰尘或者细沙会卡住电动机，避免在此类环境下飞行。

（8）在南极北极，无法启用定位模式，但可以使用姿态模式飞行。

（9）不要在法律或法规限制的禁飞区内飞行，如机场、天安门广场等。

（10）在海拔 6 000 m 以上的区域飞行，高原环境因素会导致无人机电池及动力系统性能下降，飞行性能将会受到影响，请谨慎飞行。

2. 飞行检查和注意事项

无人机飞行作业过程中的意外事故很大部分是因为前期无人机检查工作不够仔细。无人机上面任何一个小问题都极有可能导致在飞行过程中出现重大事故，因此在飞行之前应该做足检查，防患未然。

（1）通电前。

无人机通电前，机械部分要做好以下检查。

① 检查螺旋桨是否完好，表面是否有污渍和裂纹。安装是否紧固，螺旋桨正反桨是否安装正确，转动螺旋桨看是否有异常。

② 检查电动机卡环是否牢固，转动电动机是否有卡涩现象，电动机线圈内部是否洁净，电动机轴有无明显的弯曲。

③ 检查机架是否牢固，螺钉有无松动。

④ 检查云台舵机转动是否顺畅，有无异常，云台、相机安装是否牢固。

⑤ 检查电池是否固定。

⑥ 检查重心位置是否居中。

电子部分要做好以下检查：

① 检查各插头连接是否紧固，插头与电线焊接部分是否有松动。

② 检查各电线外皮是否完好，有无剐蹭脱皮现象。

③ 检查电子设备是否安装牢固，应保证电子设备清洁、完整，并做好防护。

④ 检查磁罗盘、IMU（惯性测量单元）指向是否正确。

⑤ 检查电池有无破损、胀气、漏液现象，测量电压是否达到起飞允许电压。

⑥ 检查遥控器模式是否正确，电量是否充足，开关是否完好，先启动遥控器，再给无人机通电。

（2）通电后。

无人机通电后，做好以下检查：

① 电调指示音是否正确。

② 电源开启后，相机和云台工作是否正常。

③ 检查各电子设备是否有不正常发热现象。

④ 各指示灯是否正常。

（3）预飞行。

无人机正式飞行前，做好以下工作：

① 轻微推动油门，观察各个旋翼工作是否正常，超低空升起无人机晃动，看无人机是否能够自稳。

② 进行小幅度前后左右飞行、升高、转动方向，观察无人机飞行是否正常，检查遥控器舵量是否正确，各工作模式是否正确，云台是否正常工作。

③ 进行一个四边航线飞行。进行几个大机动飞行，观察无人机工作是否正常。

④ 一台飞行中的多旋翼无人机速度可达到 40 km/h，如果发生失控、坠落等情况，后果不堪设想。因此，一位合格的飞手不仅要做到缜密的飞行前准备，还要密切留意无人机在飞行中的各种状态，同时也要保证无人机的日常维护。

（4）飞行中。

无人机在飞行中，要注意以下事项：

① 飞手应时刻清楚无人机的姿态、飞行时间、位置及其状态。

② 确保无人机和人员处于安全距离，否则进行调整或降落。

③ 确保无人机电量足够其返航及安全降落。

④ 若远距离或超视距操控，监控人员密切监视地面控制站中无人机飞行高度、飞行速度、电池电压、卫星（GPS）数量等信息，并及时告知飞手电池电压、飞行高度等信息或其他突发意外情况。

⑤ 若出现飞行中卫星信号弱导致无人机失控现象发生时，切换飞行模式可重新获得无人机的控制权，尽快降落。

⑥ 无人机远距离丢失其姿态信息时，应保持冷静，可通过轻微调整摇杆观察其移动方向，重新判断其姿态。

⑦ 自动返航是一项保障功能，由于其返航成功与否涉及因素较多，不能确保万无一失，一般不主动使用，只作为无人机安全的额外保障。

⑧ 若无人机发生较大故障，要首先确保人员安全。

（5）飞行结束后。

飞行结束后，要做好以下工作：

① 无人机降落后，确保遥控器已锁定无人机，先切断接收端的各类电源，再切断发射端的电源。

② 检查电池和遥控器电量、无人机和机载设备。

③ 相关设备放置得当。

（6）维护注意事项。

无人机维护要注意以下事项：

① 调试无人机时确保螺旋桨不在电动机上。

② 锂电池长期不用时，应放电到单片电压为 3.8 V 左右，否则会极大地影响电池的寿命。

③ 锂电池充电单片电压不能超过 4.2 V，切忌过度充电，否则会有爆炸的危险。

④ 不要短接电池，不要用尖锐物品刺破电池，否则会有爆炸的危险。

⑤ 锂电池不能过度放电，一般放电到单片电压为 3.6 V 左右，过度放电会极大地影响电池的寿命。

⑥ 充电时注意充电电流的大小，切不可超过电池的最大充电电流，否则有爆炸危险。

⑦ 储存锂电池时要远离易燃物。

3. 多旋翼无人机基本飞行训练

无人机基本飞行训练包括起飞训练、降落训练、定高移动训练、方向控制训练和返航降落训练等。无人机操控主要由遥控器的摇杆来完成，遥感不同的方向分别控制不同的飞行动作。遥控器按照其控制方式可以分为美国手、日本手和中国手。

美国手的左摇杆为油门/方向舵摇杆，其中上下位置为油门，控制无人机的上升或下降。左右位置为方向舵，控制无人机左转或右转。右摇杆为升降舵/副翼摇杆，其中上下位置为升降舵，控制无人机沿机头方向前进或后退。左右位置为副翼摇杆，控制无人机左侧或右侧偏航飞行。本书全部以美国手为例。

（1）起飞与降落练习。

起飞与降落是飞行任务中首要的动作。大部分飞行事故都发生在此阶段。

起飞练习：接通电源，远离无人机，解锁飞控，缓慢推动油门，当飞机达到飞行高度时油门回到中立。为了避免油门过大而无法控制飞行器，推动油门时一定要缓慢。起飞后，离地1m后开始缓慢降低油门，使飞机缓慢上升达到预定高度。

降落练习：稳住飞机后，降低油门，使飞行器缓慢下降，离地面 5~10 cm 时，降低下降速度，当无人机触底时油门回零，锁定飞控。

在起飞和降落的操作中需保证无人机稳定，摆动幅度不可过大。

（2）升降练习。

为了锻炼飞手对油门的控制，达到稳定飞机的目的，需要反复进行升降练习。

① 上升练习。

通过增加桨叶转速提高升力，使得其上升。上升时，缓慢推动油门使得飞机慢慢上升。根据油门大小飞机上升速度发生相应的变化。在达到一定高度时或者上升速度达到自己可操控限度时保持油门量不变，持续上升。当停止上升时，油门回到中立位置即可。

② 下降练习。

下降过程同上升正好相反。降低螺旋桨的转速，升力减小开始降低高度。下降操作前，无人机需达到一定高度且稳定选停，开始缓慢地下拉油门。切勿油门拉得太低。有明显的下降动作时，停止下拉油门摇杆，保持其下降速度，到达一定高度时推动油门降低下降速度，直至飞行器停止下降。

无人机的下降不同于上升过程。因为上升时需要螺旋桨的转速提供升力，下降过程主要靠重力作用在下降。

4. 多旋翼无人机进阶飞行训练

掌握基本飞行训练技术后，需要进行进阶飞行训练。进阶飞行训练包括矩形航线、圆形航线、8字航线飞行训练等。

（1）矩形航线训练。

飞行高度不变，沿特定矩形航线飞行，其中机头始终朝向无人机移动方向，如图2-3所示，具体步骤如下。

① 无人机起飞到达Ⅰ位置并悬停。

② 保持油门 50%，向上推动升降舵，无人机则沿机头方向直线飞行。即将到达位置Ⅱ时，升降舵回到中立位置后，向右推动方向舵顺时针方向旋转使其机头朝向位置Ⅲ。

③ 重复 3 次步骤②的操控，依次到达Ⅲ位置、Ⅳ位置，最后飞回起点Ⅰ位置使其对尾，结束练习。

（2）矩形航线训练 2。

飞行高度不变，沿特定矩形航线飞行，每个转弯之前需旋转无人机 180°，如图 2-4 所示，具体步骤如下。

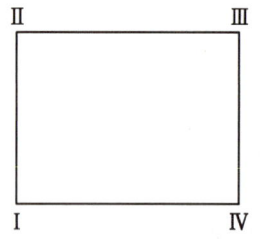

图 2-3　矩形航线训练 1　　　　图 2-4　矩形航线训练 2

① 无人机起飞到达Ⅰ位置并悬停。

② 保持油门 50%，向上推动升降舵，无人机则沿机头方向直线飞行。即将到达位置Ⅱ时，升降舵回到中立位置后，向右推动方向舵顺时针方向旋转使 180°使机头朝向飞手。此时无人机位于位置Ⅱ。

③ 推动左副翼，向右直线飞行，即将到达位置Ⅲ时，副翼摇杆回位，向右推动方向舵顺时针方向旋转使 180°。此时处于对头状态。

④ 向后推动升降舵，向后直线飞行，即将到达位置Ⅳ时，回舵，向右推动方向舵顺时针方向旋转使 180°。此时处于对头状态。

⑤ 推动右副翼，向左直线飞行，即将到达位置Ⅰ时，回舵，向右推动方向舵顺时针方向旋转使 180°。此时处于对尾状态。

（3）圆形训练。

飞行高度不变，沿圆形航线飞行，机头始终朝向移动方向，如图 2-5 所示，具体步骤如下。

① 无人机起飞后并悬停。

② 同时操纵升降舵和方向舵。推动升降舵使飞机向前运动的同时向右推动方向舵，无人机会沿顺时针方向飞行。飞行过程中由于收到离心力的作用需要时刻修正副翼保持其圆字飞行。

③ 飞行 360°后，升降舵摇杆和方向舵摇杆回正，回到起点，结束训练。

（4）8 字训练。

飞行高度不变，沿圆形航线飞行，机头始终朝向移动方向，如图 2-6 所示。步骤如下。

① 无人机起飞后并悬停。

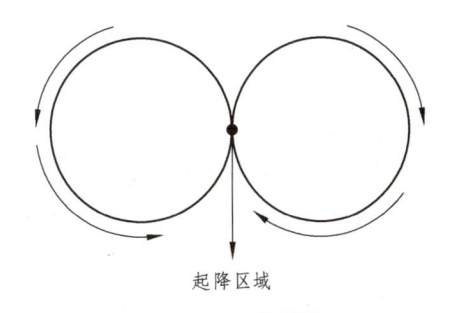

图 2-5　圆形训练　　　　　　　图 2-6　8 字训练

② 同时操纵升降舵和方向舵。推动升降舵使飞机向前运动的同时向右推动方向舵，无人机会沿顺时针方向飞行。飞行过程中由于收到离心力的作用需要时刻修正副翼保持其圆字飞行。当转过 90° 到达 Ⅱ 位置后，方向舵向左推动，升降舵保持不变。无人机将沿逆时针转方向飞行 360° 后再次到达 Ⅱ 位置，此时再次向右推动方向舵，升降舵保持不变，则无人机再次沿顺时针方向转动 270° 后到达 Ⅰ 位置，此时将升降舵摇杆和方向舵杆回正，回到起点，结束训练。

【任务测评】

旋翼无人机飞行姿态的改变是通过什么实现的？

【扩展阅读】

融入"一带一路"，争做"丝路卫士"

2000 多年前，先辈们探索出多条连接亚欧非几大文明的贸易和人文交流通路，后人将其统称为"丝绸之路"。进入 21 世纪，在以和平、发展、合作、共赢为主题的新时代，我们传承古丝绸之路精神，与沿途 60 多个国家共商"一带一路"合作建设。今年是"一带一路"倡议提出的 8 周年，随着科技的进步，无人机等新技术手段的融入为深化国际合作带来更多机遇，并持续影响着"一带一路"发展的脉搏。

天降甘霖，环保卫士决战祁连

"一带一路"上，生态环境保护的工作也很多。"绿色"一带一路"建设是一个复杂的系统工程，既涉及沿线 60 多个国家的生态环境保护，也与国内相关省份的环保工作密切相关。随着西部大开发战略的推进和"一带一路"倡议的实践，祁连山生态系统在维护我国西部生态安全方面有着举足轻重和不可替代的地位，不仅仅是西北地区重要的生态安全屏障，更是"一带一路"经济发展战略中生态保护核心之一。

在区位态势上，祁连山及其所在的甘肃省，天然具有优势。对外，甘肃是中国通过"新亚欧大陆桥"连接中亚、西亚和欧洲的国际大通道；对内，甘肃可凭借物流通道直接辐射陕、甘、宁、青、新、藏等省（区）。

甘肃省在近些年来，已经借助科技手段，运用高科技对祁连山开展了多项保护、修复与建设工程。在人工干预天气（降水）方面，甘肃省积极和全国的统筹规划相配合，大力推广应用高效、安全、绿色的人工降雨作业弹药，并积极探索运用大型无人机进行人工影响天气作业的新方式、新手段，力争早日形成组织完善、服务精细、保障有力的人工影响天气工作体系。

减灾救灾，安全卫士冲在一线

共建"一带一路"国家灾害多发频发易发，依据著名的比利时鲁汶大学灾害数据库统计，黄建"一带一路"60多个国家在1980—2017年间共发生灾害近5 000次。长期以来，中国政府在加强自身灾害管理的同时，大力开展国际灾害合作与对外援助工作，事实上已逐步成为国际防灾减灾领域的"重要平台"，为受灾国家和地区提供大量紧急人道主义物资援助，彰显了大国责任和大国担当，也在构建综合防灾减灾平台建设上作出了有益探索。

近年来，中国防灾减灾科技支撑能力显著增强，大型应急救灾型无人机等高新技术装备广泛应用。翼龙无人机空中通信平台是航空工业为应急管理部打造的应急通信国家力量，可定向恢复50平方千米的移动公网通信，建立覆盖15 000平方千米的音视频通信网络，能够保障全境专网通信，为国家现场指挥部指挥调度、视频会商提供强力保障。

天空之眼，忠诚卫士戍守边疆

边境地区作为连接中国与众多邻国的门户和纽带，在"一带一路"建设中具有十分独特的地位和作用。边境和平与稳定是"一带一路"建设向前推进的必要前提和保障。因此，"一带一路"远不只是经济问题，这也是解决未来可能的边境安全问题和国际舆论问题的最有利的方式。

不怕高山深海、不畏艰辛跋涉，

翼龙身经百"战"、志在四方，

愿担负起"丝路卫士"的光荣使命，

为国家"一带一路"建设留下的光辉足迹，

谱写新丝路上新篇章。

——摘自中航无人机系统公司

任务5　固定翼无人机的飞行

【情景创建】

中国国际飞行器设计挑战赛以体育竞赛为平台，结合国防、国民经济建设以及国家重点科研任务，通过参赛选手自行制作航空航天模型进行缩比验证飞行，检验创新作品的可行性、可靠性和实用性，进一步挖掘、拓展高校学生及科研院所相关人员的科技创新能力，为航空工业和国防建设搭建一个发掘创新后备人才、检验创新作品的平台。

【任务实施】

利用固定翼无人机搭载任意设备，完成校园三维影像数据的获取。

知识点 9　固定翼无人机飞行训练

固定翼无人机操控训练需要理论与实践并重的方式来学习，要想达到一定的飞行水平，首先要在头脑中形成控制通道与飞行姿态相对应的意识，这种对应关系的建立要通过模拟飞行训练实现。在每次实际飞行训练前，可以简单规划一下飞行轨迹，有目标地针对某个动作进行专项训练。这样可以明确无人机下一步该飞向哪里，不用一直思考接下来应该怎么对遥控器打舵，从而减少操控失误的情况。

副翼能使机翼向右或向左倾斜。我们将操纵副翼作为转弯过程的开始，也通过操纵副翼来使机翼保持水平状态，从而使飞机保持直线飞行。当机翼处于水平状态时，拉升降舵使飞机抬头。当机翼处于倾斜状态时，拉升降舵使飞机转弯。在空中飞行中，方向舵用来使机身与飞行方向平行。在地面滑行时，方向舵用来使飞机转弯，如图2-7所示。

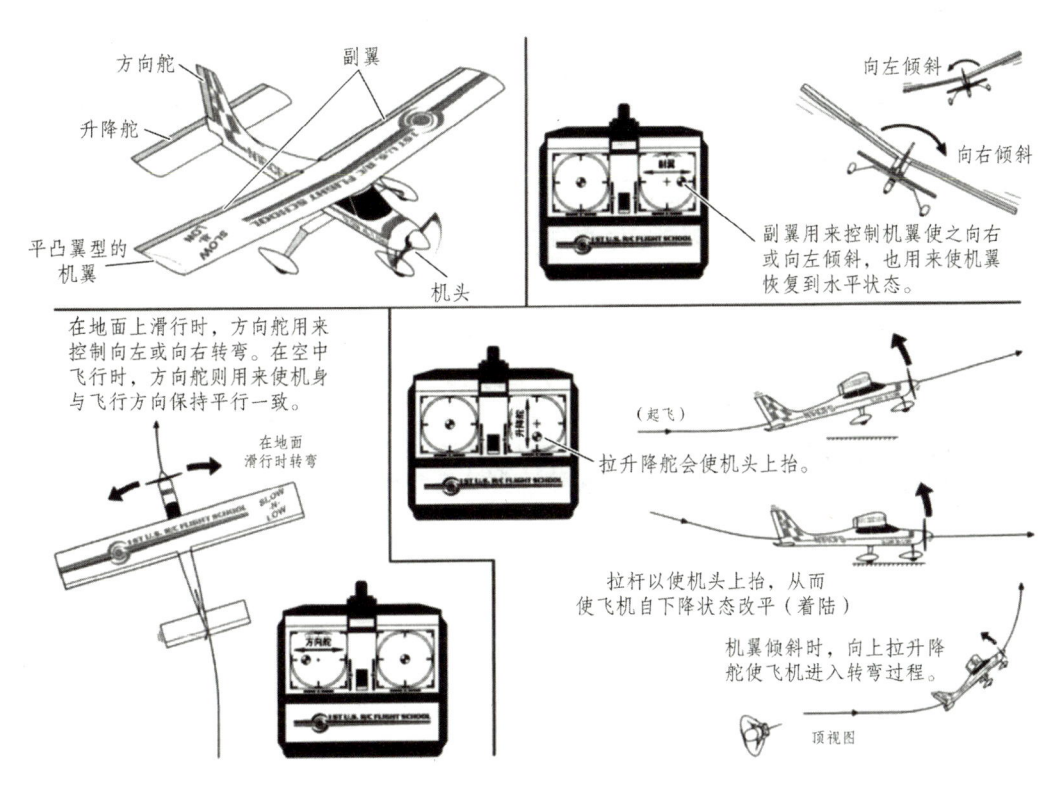

图2-7　副翼、升降舵和方向舵的基本功能

1. 作业准备

（1）飞行训练前要做好飞行计划报备工作。

（2）固定翼无人机飞行使用设备及工具：已经组装调试完成的固定翼无人机、遥控器、教练线、符合规格的电池、电池保温箱、充电器、测电器、燃油箱以及配油桶。

（3）固定翼无人机飞行维护工具：内六角螺丝刀、尖嘴钳、螺丝胶、固体胶、3M

胶、扎带、应急配件。

（4）检查固定翼无人机的每个部分结构是否完整并且是否能够正常工作。启动前，检查无人机整体及零件是否工作正常、零件位置是否安装正确，遥控器与飞机是否连接正常、遥控器各项功能是否设置正确，保证飞控各项参数设置正确以及动力电源和系统电源电量充足。

（5）启动时注意设备启动顺序。首先开启遥控器以及地面站设备，然后给固定翼无人机上电并执行上电后的检查工作。检查无误后，告知在场与飞行无关的人员保持与飞行训练场地的安全距离，准备起飞。

固定翼无人机飞行训练对飞行场地有一定的要求，并且在每次飞行训练前做好空域使用备工作。其中基础训练需要有合适的飞行训练空域和平坦的跑道，每组训练尽量隔开，并且远离建筑物、人群等干扰源，尽量选择较少人群围观的开放式场地，训练场地内须设置警戒线和警示标牌，以警示围观人员。

2. 固定翼无人机起飞爬升训练

固定翼无人机起飞爬升训练是指固定翼无人机从地面滑跑到离地升空的过程。固定翼无人机由于升空过程中升力不断增大，当升力大于固定翼无人机重力时，固定翼无人机进入空气动力学运动状态。起飞一般分为三个阶段，即滑跑、离地和爬升，如图 2-8 所示。影响起飞滑跑距离的因素有油门大小、离地迎角、起飞重量、跑道表面质量、风向风速、跑道坡度等。这些因素一般都是通过影响离地速度或起飞滑跑的平均加速度来影响起飞滑跑距离的。

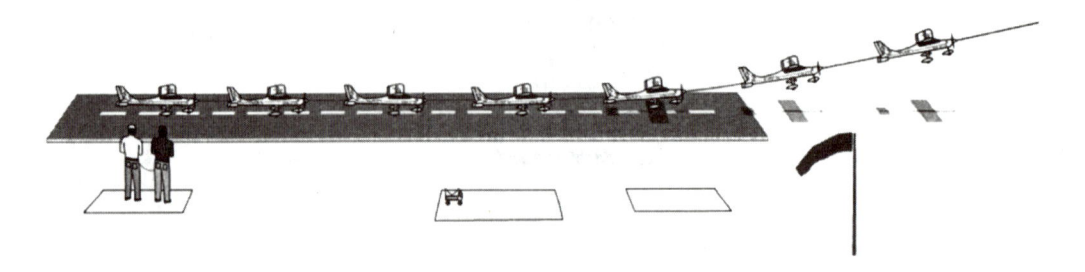

图 2-8　固定翼无人机起飞爬升训练示意图

固定翼无人机起飞爬升训练步骤如下：

（1）确保无人机一切正常且环境允许飞行，固定翼无人机启动，缓慢推动油门并控制滑跑方向，逐渐增加左手竖直通道油门舵大小，推油门的手法要缓慢柔和，并且右手逐渐下拉大约一半幅度的升降舵。

（2）当速度达到离地速度时，固定翼无人机离开地面，这时将升降舵平稳回中，使无人机平缓爬升，以便逐渐积累速度，增加升力。此时由于螺旋桨高速旋转会产生扭矩，故机身会向一侧倾斜，通过副翼舵的配合，固定翼无人机进入平衡爬升状态。

（3）固定翼无人机继续爬升，但要控制爬升角度不要超过迎角 30°，过大的迎角会造成固定翼无人机出现失速状态。

（4）在不低于 5 m 高度进行水平飞行，提高速度直至达到要求速度，柔和持续拉动升降杆使固定翼无人机爬升直至达到规定高度。

（5）为了保证固定翼无人机始终在自己的视野范围内，这时向左打一个小角度的副翼舵使固定翼无人机向左发生滚转。

（6）直到转为左侧机翼朝向自己时即可将副翼舵回中，使固定翼无人机保持水平飞行姿态。

3. 固定翼无人机定高平飞训练

固定翼无人机定高平飞训练步骤（见图2-9）如下：

（1）在固定翼无人机完成起飞爬升动作后，固定翼无人机应该转入平飞的阶段，并尽可能确保固定翼无人机在视线范围内飞行，以看清飞机姿态。

（2）平飞时要求固定翼无人机不产生俯仰角，尽量保持在同一高度飞行。

（3）在直线平飞时，由于受到大风和气流的影响，会出现侧滑角和左右滚转状态，通过副翼和方向舵的配合，使机翼达到水平的状态。

（4）根据固定翼无人机俯仰状态、滚转状态作出提前判断，经过长期练习，便可以掌握定高平飞的飞行技巧。

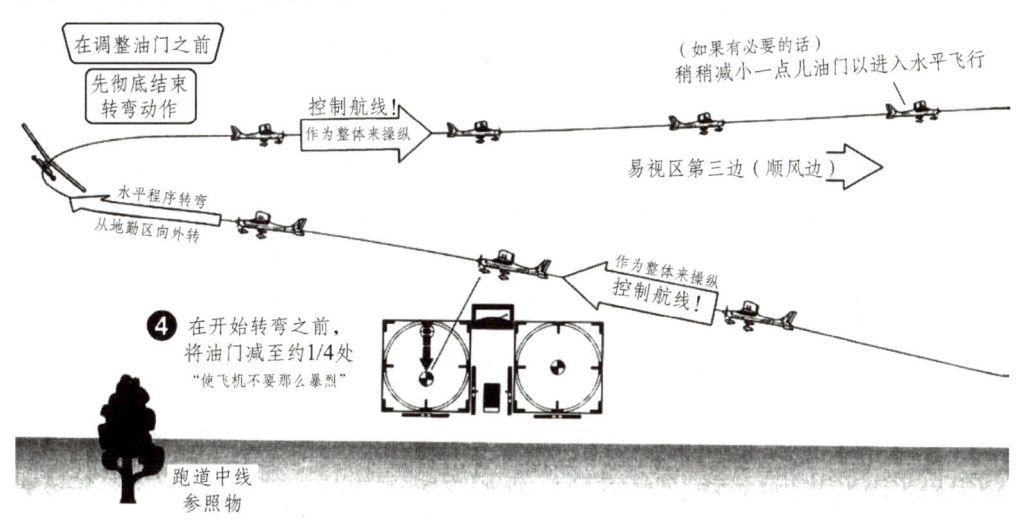

图 2-9　固定翼无人机定高平飞训练

4. 固定翼无人机水平转弯训练

固定翼无人机水平转弯训练步骤（见图2-10）如下：

（1）固定翼无人机水平转弯是固定翼无人机矩形航线飞行中最常用到的操作，固定翼无人机从起飞航线转向第一条航线时需要执行固定翼无人机转弯操作。

（2）在起飞航线即将结束时，对副翼舵柔和打舵，使固定翼无人机翼平转弯训练缓缓倾斜25°~40°后，将副翼舵反向打舵，使固定翼无人机回到平飞的状态。

（3）通过方向舵调整机头位置，使机头正对着第一条航线。

（4）使固定翼无人机进入定高平飞的状态，转向训练操作完成。

180°水平转弯的实例

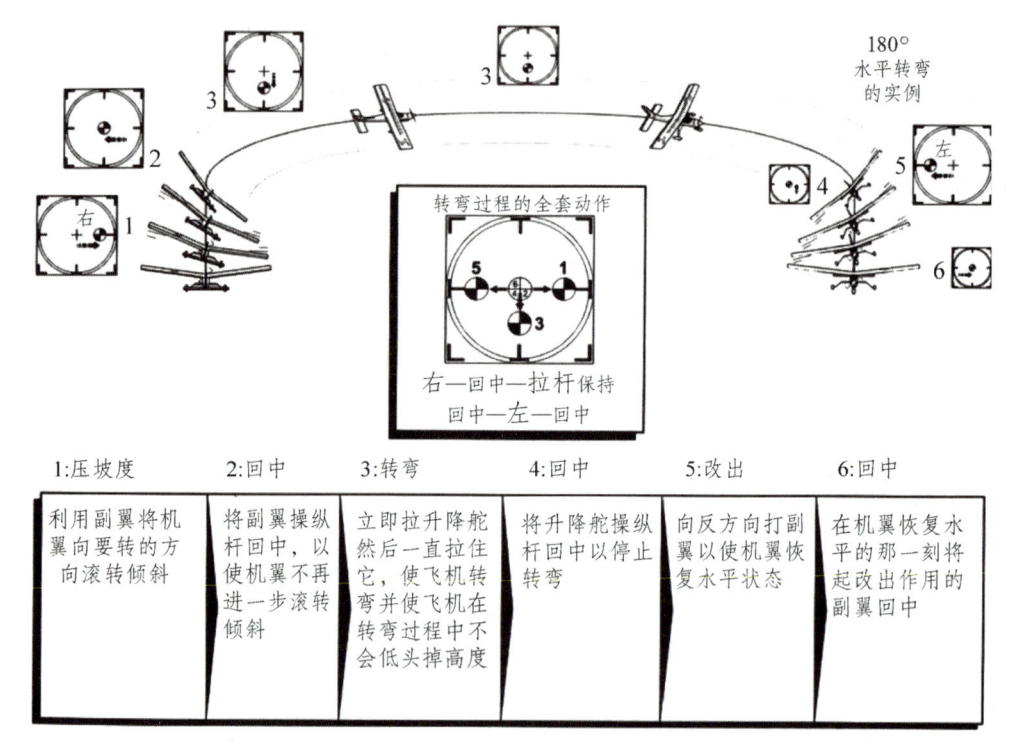

1:压坡度	2:回中	3:转弯	4:回中	5:改出	6:回中
利用副翼将机翼向要转的方向滚转倾斜	将副翼操纵杆回中，以使机翼不再进一步滚转倾斜	立即拉升降舵然后一直拉住它，使飞机转弯并使飞机在转弯过程中不会低头掉高度	将升降舵操纵杆回中以停止转弯	向反方向打副翼以使机翼恢复水平状态	在机翼恢复水平的那一刻将起改出作用的副翼回中

图 2-10 转弯要点

5. 固定翼无人机下滑降落训练

固定翼无人机下滑降落训练是建立在较为完整的矩形起降航线训练的基础上进行，矩形起降航线是指为固定翼无人机在进行下滑飞行或着陆时建立的飞行航线。典型的矩形起降航线包括四个转弯点和五条边的方块航线。它们分别为第一边（上风边）、第二边（侧风边）、第三边（下风边）、第四边（基线边）和第五边（最后进近边），如图 2-11 所示。

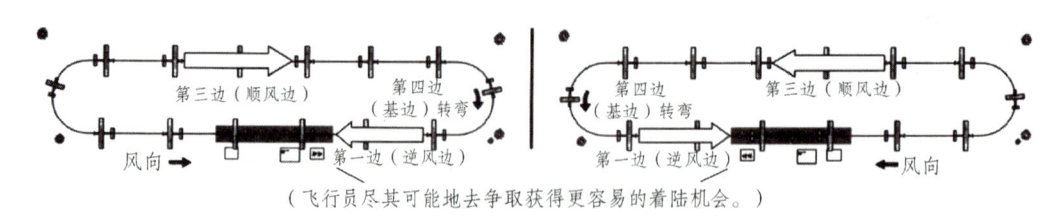

图 2-11 固定翼无人机下滑降落训练

飞行中应按规定的高度、速度、航向及有关程序操纵飞机起飞和着陆。以起飞方向为准，向左转弯称"左航线"，向右转弯称"右航线"。

固定翼无人机下滑降落训练步骤如下：

（1）固定翼无人机降落航线的训练可以从第三边航线开始执行，要求固定翼无人机机头正对第三边航线，且固定翼无人机以平飞降高的飞行状态，从第三边航线的前半部分以合适的角度进入矩形降落航线。

（2）执行降高操作时，将固定翼无人机左转向进入第四边航线，随后固定翼无人机回至平飞状态,并逐渐减小油门,柔和拉升降舵,使固定翼无人机准备再次进入左转向状态。

(3)根据固定翼无人机当前速度调整下滑速度,同上执行左转向操作,并将机头不断调整到正对跑道方向同时将油门收至最小位置,根据固定翼无人机距离地面的高度来调整升降舵拉动的幅度。

(4)固定翼无人机逐渐下降并通过副翼舵不断调整,使固定翼无人机保持水平下滑状态固定翼无人机高度减小不宜过多,当固定翼无人机通过操控者正前方时,即为起落架触地的最佳时机。

(5)固定翼无人机触地后,通过控制方向舵来调整滑行方向,直到固定翼无人机完全停止运动,即降落训练完成。

6. 固定翼无人机矩形航线训练

通过选取地面参照物,在空中合适的高度建立两条平行于起飞跑道的航线为矩形航线的长边,而两条短边与其垂直,从而构成固定翼无人机矩形航线的四条边,如图2-12所示。固定翼无人机的矩形航线长度和飞行高度是根据训练使用的固定翼无人机的大小、续航能力以及训练时的天气情况进行及时调整的,可以根据具体实际情况提前作好飞行规划。比如训练时空气能见度较差或风速较大,这时容易产生视觉误差,可以及时缩短航线长度或先暂停飞行训练,任何飞行训练都要尽可能在安全范围内开展,避免造成不必要的损失。

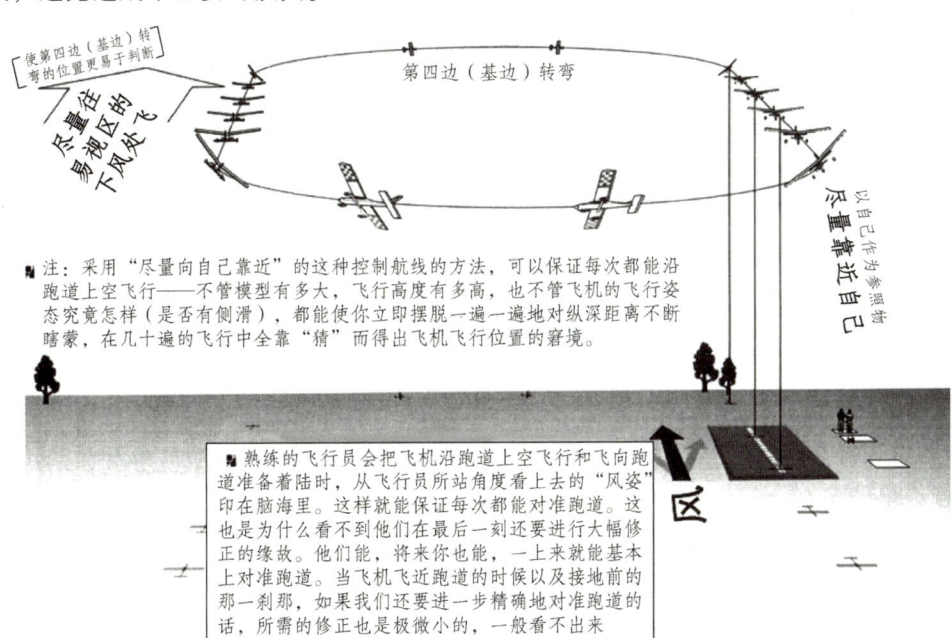

图 2-12 固定翼无人机矩形航线训练

7. 固定翼无人机起降五边航线训练

五边航线其实从上方俯视还是一个四边航线。由于起飞离场航线和进场降落航线的飞行高度不同,故将平行于跑道正上方的一条航线分为两部分,分别为起飞航线和降落航线，这两条航线与其他三条航线构成的五条航线被称为起降五边航线，如图 2-13 所示。五边航线由起飞、建立四边航线、着陆准备、着陆四部分构成。

第一边：起飞爬升对准跑道中心（逆风）。
第二边：爬升转弯，与跑道成 90°侧风。
第三边：收油门至中位，定高，并修正航线与跑道平行（顺风）。

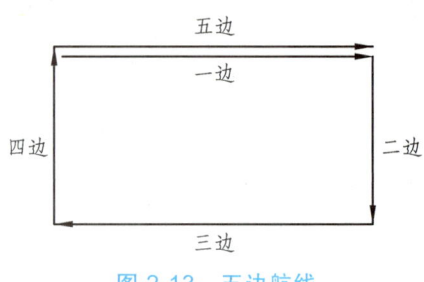

图 2-13　五边航线

第四边：对正跑道，保证正确的转弯速度与下降速度（侧风）。
第五边：最后调整，保证角度与下降角度进场着陆（逆风）。

固定翼无人机起降五边航线训练具体步骤如下：

（1）第一边为起飞航线，具体操作可参考前面起飞爬升基本训练进行操作即可。然后进入一转弯，完成后进入第二边进行水平定高直线飞行，后面的操作与之前介绍的相同。可以参考固定翼无人机矩形航线训练，直到进入第三转弯。

（2）当进入第三转弯时，进行着陆准备，由于第三转弯的角度、时机、高度都会对降落航线的准确性产生很大影响，故必须认真做好第三转弯。

（3）进第三转弯的时机需要根据四边航线的长短来进行判断，当第三边航线短时需要延迟入弯，否则无人机会过早进入第四边航线。当第三边航线长时需要延迟入弯，否则会出现飞机偏离航线。

（4）退出转弯后，保持平飞，观察固定翼无人机的高度与速度，预判航线是否对正第四转弯点，该第四转弯点距着陆点的距离是否合适，判断下滑时机。

（5）固定翼无人机与跑道延长线的夹角为 15°时，即可进入第四转弯。转弯时注意固定翼无人机接近跑道延长线的快慢和转弯剩余角是否相适应。转弯时保持好固定翼无人机姿态，发现偏差要及时修正。

（6）当第四转弯剩余角为 30°时，固定翼无人机应在跑道边线上。如固定翼无人机接近跑道延长线较快，而转弯剩余角减小较慢时，表明进入已晚，应增大副翼倾斜坡度和转弯速度；反之，则要适当减小倾斜坡度，调整转弯半径，使得转弯后正对跑道。

（7）进入第五边也就是降落着陆航线，下滑线正常时注意固定翼无人机速度，如果速度快则固定翼无人机位置会比较高，着陆点会远，加减油门时注意控制舵，防止固定翼无人机倾侧滑。

（8）固定翼无人机滑跑后，减小飞行速度，使机头自然下俯，前轮着地后，将升降舵回中。

（9）在滑跑过程中，如果要调整方向，需要使用方向舵进行微调，保证固定翼无人机沿跑道中心线滑行。

注意：当固定翼无人机下滑至离地 3 m 时，如果目测发现高度过高或者过低，应果断复飞。当固定翼无人机离地 0.5 m 处于平飘阶段时，不能通过改变固定翼无人机接地姿态来调整平飘距离。仰角过小，会使固定翼无人机弹跳着地，损坏固定翼无人机；仰角过大，速度低时会导致固定翼无人机失速坠落。

8. 固定翼无人机匀速水平 8 字训练

根据地面参照物建立直径不小于 20 m 的两个横向相切的圆形航线进行固定翼无人机匀速水平 8 字训练，操纵者应正对着两圆相切的位置，如图 2-14 所示。

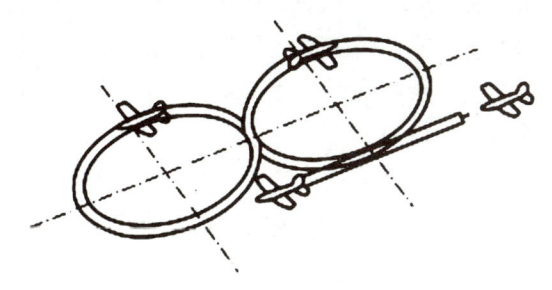

图 2-14 固定翼无人机匀速水平 8 字训练

固定翼无人机匀速水平 8 字训练步骤如下：

（1）水平 8 字训练是从两圆相切点开始，从开始点柔和的打左副翼，方向舵配合，飞机通过一个较小的角度转向前飞。

（2）根据航线半径大小，到达左圆最上点时回打副翼。继续执行类似操作，使飞机到达左圆最左点。之后，飞机飞过左圆最下点到达两圆相切点。

（3）到达两圆相切点后，改变转向飞向右圆最上点。与左圆执行类似操作，飞回两圆相切点，匀速水平 8 字训练完成。

【任务测评】

利用虚拟仿真软件练习固定翼飞机的飞行。

【扩展阅读】

吴克明讲述徐舜寿的故事

故事一：严谨的工作作风

1964 年夏天，徐舜寿从六院一所调到十所（航空工业一飞院的前身），参加十所建所后的第一个完整型号——运 7 飞机测绘仿制工作。

由于当时十所刚刚组建几年，人员非常年轻，又缺乏经验。徐舜寿本着科学严谨的态度，提出测绘仿制工作要循序渐进，从安-24 原型机的测绘做起，扎扎实实地向前推进，并提出了十分完整的测绘仿制方案。但由于当时局势比较混乱，没过多久徐舜寿基本上就"靠边站"了。一些掌权的领导受"浮夸风"影响，在民机型尚未掌握的情况下，就提出上军机型，进而又提出伞兵型、混合型、货机型等。

徐舜寿明确反对这种不经过严格论证就拍脑袋做决定的做法，但却无力改变。于是，各种型号纷纷上马，花了五六年时间，搞了四五个方案，画了好几万 A4 的图纸，但由于缺乏科学可靠的论证，最终都没有成功。比如伞兵型运输机，要在原准机的机身腹部开一个大舱门，但由于缺乏计算手段和试验验证，开舱门之后的强度问题一直解决不了。于是，方案上报之后被否决了，画好的5万张A4图纸也报废了。

直到1969年，按照毛主席的指示：学写字要先学"正楷"，上级机关才下文，要求完全按照原型机测绘仿制。就这样，运7飞机走了一个大弯路，最终回归到"正楷"；但前后损失了五六年的宝贵时间，报废了好几套数万张A4的图纸。在经历了迂回曲折之后，又重新回到起点。实践证明，徐舜寿最初提出的测绘仿制方案才是正确的。

故事二：孜孜不倦的好学精神

1966年，我刚刚从学校毕业两三年，和十所五六个年轻同志一起，被单位派到一所参加米格-21飞机的摸透工作。我们住在一所的招待所里，徐舜寿也住在这里，于是我们有了较多时间接触。

我发现，徐舜寿除了按要求写"检讨"之外，大多数时间都在学习高等数学。我对他这一点十分钦佩，他居然在这种情况下还能安心学习。后来，他看到资料室刚到的美国军标《有人驾驶飞机的飞行品质规范》（MIL-F-8785B），又把它借回来翻译。他说："这些都是新资料，我现在有时间，想把它翻译出来，将来会用得到。"在翻译过程中，他还经常和我们几个年轻人一起讨论，丝毫没有总师的架子，有时为一个单词如何翻译得更加准确，会和我们讨论好长时间。他这种好学、谦虚又严谨细致的作风，给我留下了终生难忘的印象，也对我的工作产生了很大影响。

任务6　地面站飞行

【情景创建】

某垂起固定翼LiDAR系统中，航高200 m，航带宽400 m，巡航速度100 km/h，仿地飞行。平均点密度38点左右，总航程113 km，雷达扫描线路全长52 km（全线路包含线路两端电厂）共142个杆塔，发现重大危险点几十处此次任务，系统共采集原始数据33.7G，数据下载用时6分钟，点云数据生成用时50分钟，得到如图2-15所示效果图。

图2-15　效果图

【任务实施】

利用垂起固定翼无人机搭载任意设备，完成校园三维影像数据的获取。

知识点 10　无人机地面站飞行

1. 概述

Mission Planner（见图 2-16）是无人机地面控制站软件，适用于固定翼、旋翼机和地面车，仅在 Windows 系统下工作。Mission Planner 可给你的自动车辆提供配置工具或动力学控制。其主要特点：

（1）给控制板提供固件加载；
（2）设定、配置及调整飞行器至最优性能；
（3）通过在地图上的鼠标点击入口来规划，保存及加载自动任务给飞控板；
（4）下载及分析由飞控板创建的任务记录；
（5）与计算机飞行模拟器连接，提供硬件在环的 UAV 模拟器；
（6）通过适当的数传电台，可以监控飞行器状态，记录电台传递数据，分析电台记录或在 FPV 模式下工作。

图 2-16　Mission Planner 无人机地面控制站软件

2. Mission Planner 安装

Mission Planner 是 Windows 系统上的自由开源软件，安装非常简单。

首先下载最新 Mission Planner 安装文件。

（1）运行安装文件，并按向导执行即可（见图 2-17）。

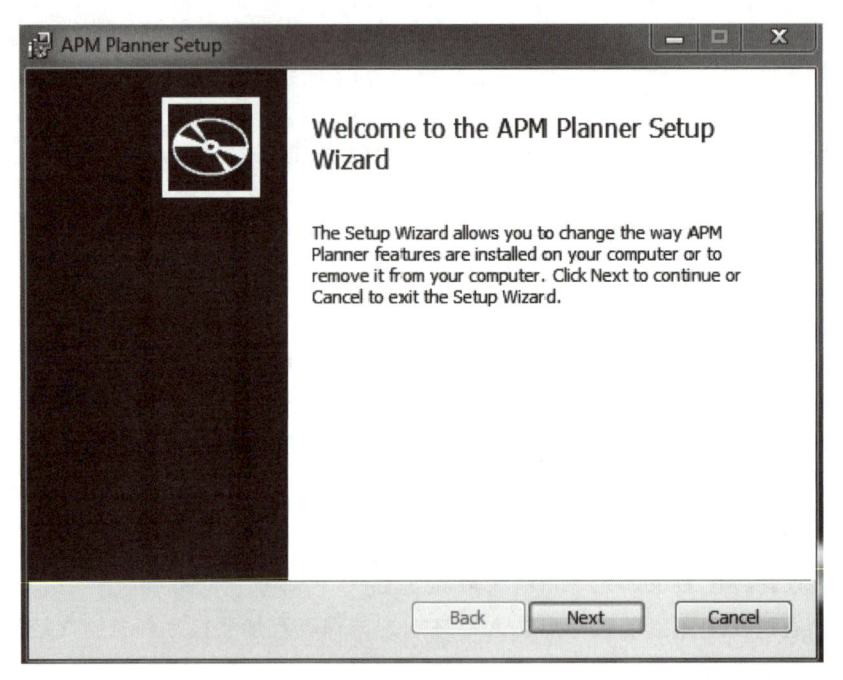

图 2-17　安装软件

（2）安装包将自动安装所需软件驱动，包括 DirectX plug-in，如遇下面情况，请选择安装软件驱动即可（见图 2-18）。

图 2-18　安装驱动

（3）软件将安装到 C: /Program Files（x86）/APM Planner，并创建打开 Mission Planner 的图标在开始菜单。

（4）安装完毕后，即可启动 Mission Planner，启动后即可通过连接按钮，下载固件或连接飞控板。

3. 飞控板固件加载

（1）用 MicroUSB 连接 Pixhawk 飞控板，USB 连接计算机（见图 2-19）。

图 2-19　计算机连接接口

（2）打开 Mission Planner 软件，左上角区域从下拉菜单中选择 COM 口，可以选在 AUTO 选项，并设置串口通讯波特率为 115200。

（3）在主画面上，选择 Initial Setup | Install firmware 画面，选择恰当的飞行器图标，回答提示画面"Are you sure""Yes"。当 Mission Planner 探测到 pixhawk 后，将要求你拔下飞控板，再次插入飞控板，数秒后点击 OK 按钮，这个期间满足 bootloader 接受下载新固件的请求（见图 2-20）。

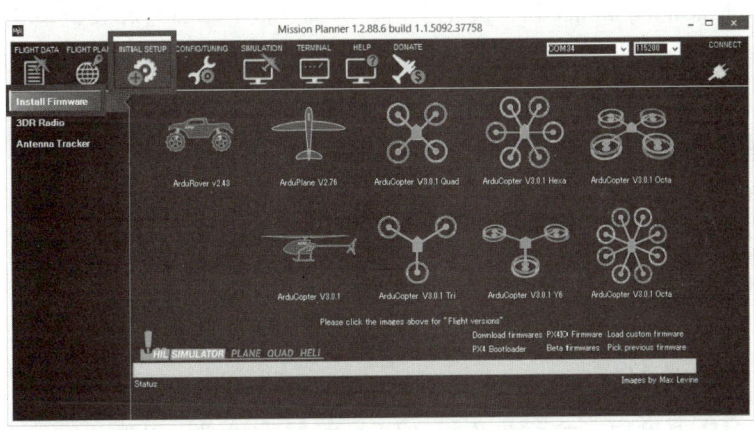

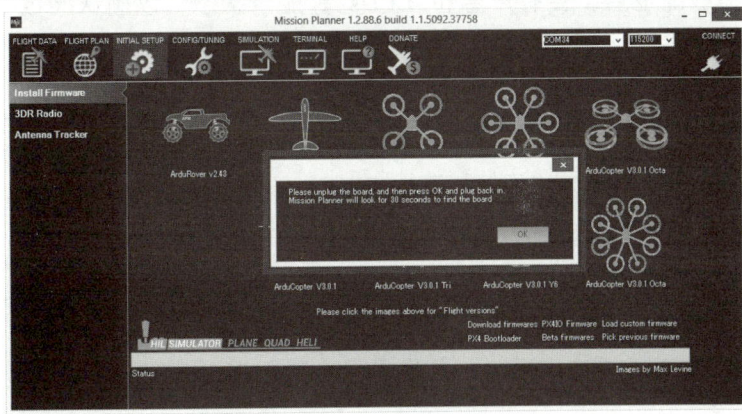

图 2-20　下载固件

（4）当下载完美结束后，在软件状态条处显示"erase"，"program"，"verify.."和"upload Done"等信息，表明固件下载成功。

4. 链接飞控板

（1）连接飞控板和计算机可以选择 USB 电缆，数传电台或者 IP Connection（见图 2-21）。

图 2-21 计算机与飞控链接

（2）在 Mission Planner 软件的左上角，选择连接的串口号和波特率 57600，并点击连接。串口号是 Windows 自动提供的，并在下拉菜单中出现。注意连接波特率必须悬着 57600，而下载固件时的波特率必需选择 115200。

（3）连接成功后，连接按钮将显示 Disconnect，用于断开连接操作。

如果遇见没有连接上，可能的原因如下：

① 检查正确的波特率，USB 为 115200，数传电台为 57600。

② 检查串口号是否正确，串口号是否存在？

③ 如果是 USB 口，请尝试不同的 USB 口。

④ 如果使用 UDP 或 TCP 连接，检查防火墙是否畅通。

⑤ 飞控板上电后，会有声音和 LEDs 等显示状态，以确认飞控板固件运行正确。

5. Mission Planner 显示面板

Mission Planner 功能分为连接和飞行数据。

（1）连接（Connect）。

用于下载固件到飞控板，或者通过数传电台连接飞控板。

（2）飞行数据（Flight Data）。

数传电台与飞行器连接后，主画面显示各项数据，其中 HUD 细节如图 2-22 所示。

① 空速（地速，如果没有安装空速管）；② 转弯速率；③ 航向；④ 侧滑角；

⑤ 电台连接，bad packets%；⑥ GPS 时间；⑦ 高度；⑧ 空速；⑨ 地速；⑩ 电池状态；⑪ 人工水平线 —— 状态显示。

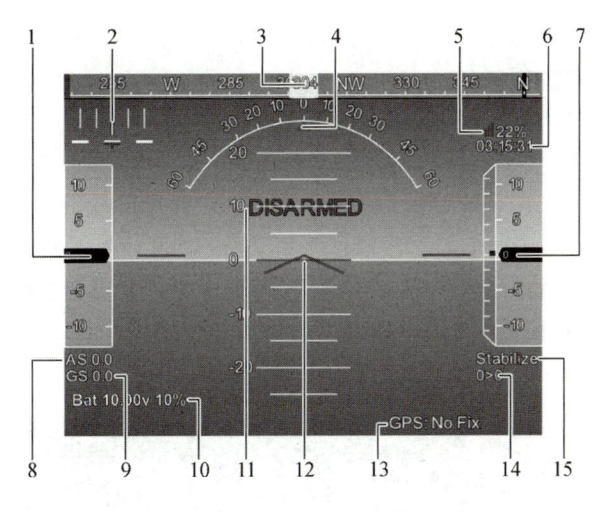

图 2-22　HUD 细节

6. 飞行规划（Flight Planning）

（1）左上角显示鼠标，显示当前经纬度。
（2）右侧显示控制面板。
（3）在下面显示航点信息及动作。

7. 初始化设置（Initial setup）

（1）初始化固件，当要下载新固件时。
（2）3DR 数传电台设置，数传电台。
（3）其他可选硬件设置，比如超声波传感器、光流传感器等。

8. 参数配置和调整（Params Configure）

以下这些菜单，需要与飞控板连接以后才能看到：
（1）Planner：地面站选项，诸如 logs，测量单位，ETC 等存储。
（2）Basic Pids：Auto pilot 连接以后，这个选项出现，TBD。
（3）Flight Modes：如何设置 6 个通道的飞行模式？
（4）Standard Params：Auto pilot 连接上后，会出现这个菜单 TBD。
（5）GeoFence：飞行区域设置。
（6）FailSafe：故障模式。
（7）Advanced Params：高级参数设置。
（8）Full Parameter List：飞行器的所有飞控参数都可以在这里设置并保存，并能比较，加载以前的数据。
（9）Copter Pids：设置 Copter 飞行器的 pids 参数。

9. 飞行任务规划

Mission Planner 可以给飞行器设置自动任务，当飞行器处于 auto 模式时启动自主飞行模式。

（1）航点规划及动作。

① 设置 Home Position：对于 Copter，Home Position 就是飞控板上电的位置，这意味着如果执行 RTL 模式，将自动返航到 Home Position。对于固定翼飞机，Home Position 是 GPS 第一次锁定的位置。

② 任务简述：Copter 任务，自动起飞到 20 m 高度，然后飞行到 WP2 点，爬升到 100 m 高，然后等待 10 秒，然后飞行器将处理 WP3，下降到 50 m，然后返航降落。因为缺省的高度是 100 m，因此返航着陆高度也是 100 m。当到达着陆地点后，飞机降落。任务假设着陆地点在起飞点，如图 2-23 所示。

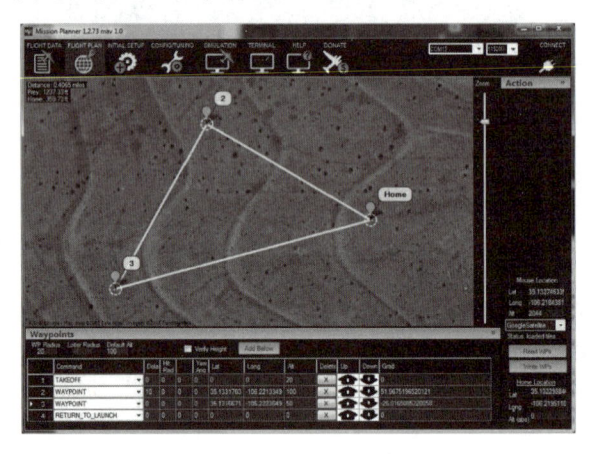

图 2-23　Copter 任务

③ 在航点设置画面的下方，有详细的航点规划及动作，可通过下拉菜单改变航点动作，通过地图鼠标拖拉改变航点位置。

④ 缺省参数设置（Default Alt）：缺省的飞行，RTL 模式时，有自己的高度，如果 Hold Default ALT 选定后，RTL 将按高度飞行；Verify Alt，与地图数据匹配，检查高度数据，已反应距地高度，进行地形匹配或避免撞地。

⑤ 通过右侧按钮可以保存航行任务，加载航行任务，方便重复执行任务（见图 2-23）。

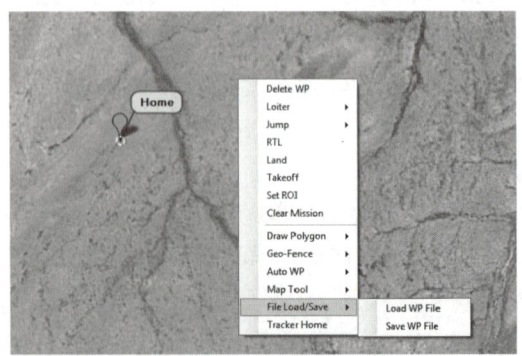

图 2-24　保存航行任务

⑥ Prefetch 提前下载地图数据到地面站，避免在野外无网络，无法连接地图数据。点击 Prefetch 按钮后，按下 alt 键，用鼠标拖动的矩形区域下载选择的位置图片。

⑦ Grid：鼠标右键菜单，通过点击增加顶点的方式绘制一个多边形，然后点击 Grid 菜单，自动绘制一个网格状的航点轨迹，然后再定义在每个航点的动作。

⑧ 设置 Home Location 菜单，通过鼠标可以任意设置 Home Position。

⑨ 通过 Measure Distance 按钮，测量航点之间的距离。

⑩ Auto grid：Auto grid 功能可以生成"割草机"轨迹，以收集当地的图片。在地图上选择鼠标右键，选择多边形绘制需要的区域，选择 Auto WP—Grid 菜单，按照对话框自动处理高度和距离，将自动生成网格航点（见图 2-25）。

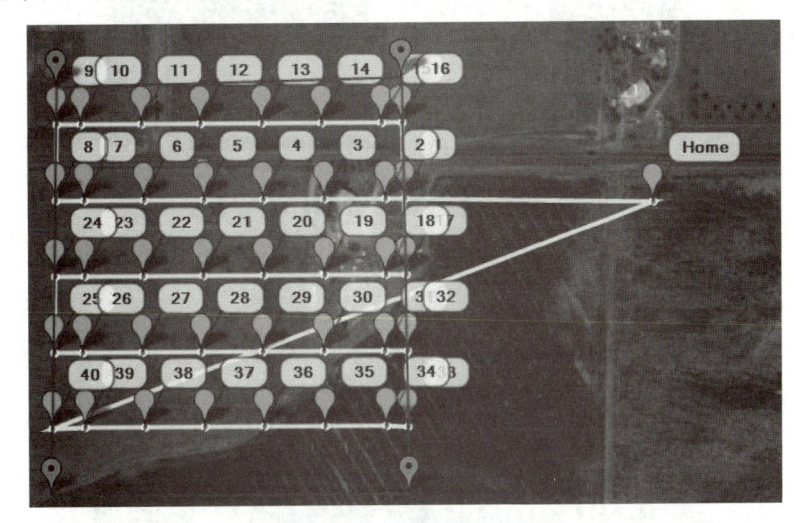

图 2-25　规划轨迹

⑪ 任务指令：在地图的下方有表格的列表，将按当前飞行器类型产生指令列表，并增加一列航向参数需要用户提供。这些指令包括：导航到航点、临近盘旋、执行特殊动作（如拍照等）和条件指令。全部的指令在 Mavlink Mission Command Messages 定义。

（2）相机控制与自动操作。

① 相机快门和云台指令 3 个通道。

② 在飞行器移动的间隔时间或指定的航点上执行快门动作，如果相机安装在云台上，还可以控制云台的指向。

③ 对于简单的应用，可以手动控制航点和快门指令，对于复杂的测绘任务，自动生成任意区域的指令任务。

④ 云台指令：DO_SET_ROI 云台指向指定区域，DO_MOUNT_CONTROL 云台控制到 roll，pitch，yaw 方向。

⑤ 伺服指令：给指定的驱动信号。

任务举例：

在飞行规划画面，创建多点区域。

在区域内，鼠标右键点击菜单：Auto WP|Survey（Grid）（见图 2-26）。

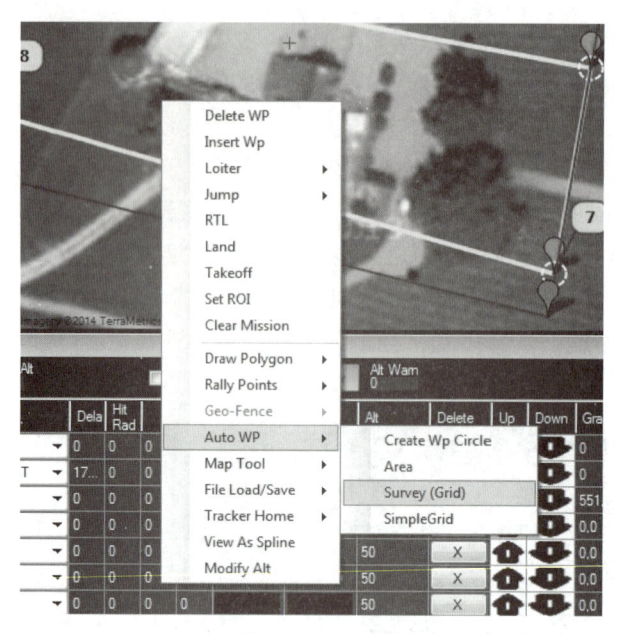

图 2-26 创建多点区域

Mission Planner 将自动显示配置画面，画面上定义了相机参数，并自动计算拍照距离，即 DO_SET_CAM_TRIGG_DIST 命令参数（见图 2-27）。

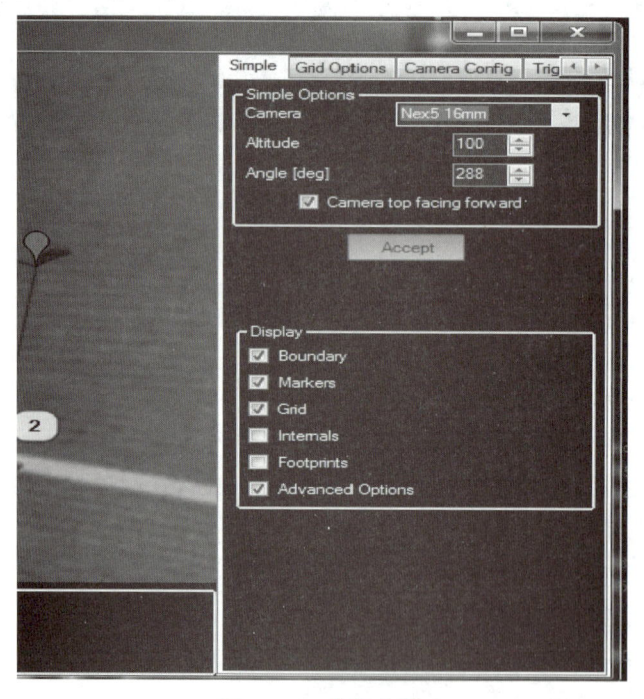

图 2-27 载荷参数

当点击"Accept"按钮后，接受这些参数，Mission Planner 将生成一系列航点覆盖指定区域（见图 2-28），包括起飞和着陆航点，调用 DO_SET_CAM_TRIGG_DIST 指令，用于设置相机快门指令的距离，最后再次调用 DO_SET_CAM_TRIGG_DIST 来设置参数回 0，停止拍照。注意 2 次调用指令的参数不同。

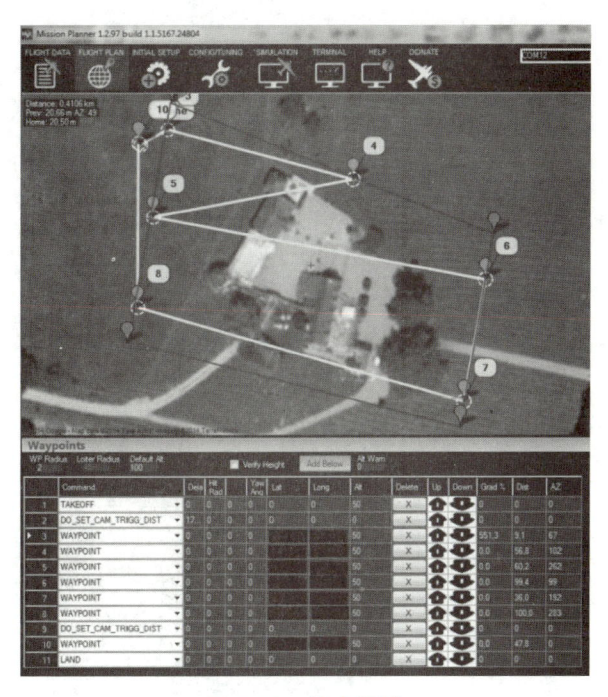

图 2-28 航点区域

最后，执行任务后，会得到 15 张图片。

（3）转场点设置。

当飞行器执行 RTL（Return To Launch）模式，比如被失效保护 Failsafe 模式启动，缺省的模式返回出发点，但由于距离和电量的关系，经常性这种情况不可行。

鉴于此种情况，我们现在支持多点 Rally Points 模式（见图 2-29）。只要无人机进入 RTL 模式，就会就近找到 Home Point 或者最近的 Rally Point，而不是返回起飞点。飞机将会在当地盘旋，Copter 将会试图降落。

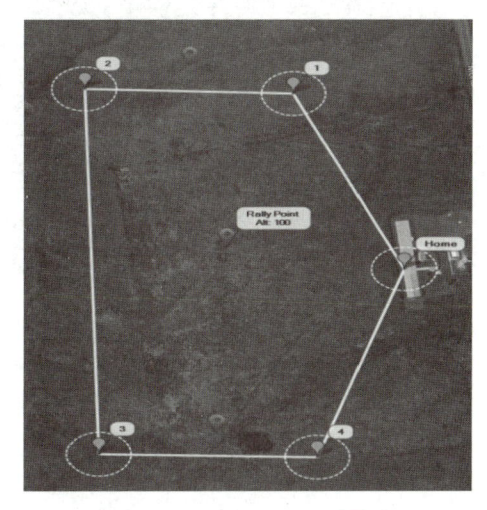

图 2-29 Rally Points 模式

设置 Rally Points，在飞行规划地图上，点击鼠标右键，选择菜单 Rally-Set Rally Point，Rally Point 高度需要设置，重复上面的操作，重新设置多个 Rally Points，点击菜单按钮上传数据即可（见图 2-30）。

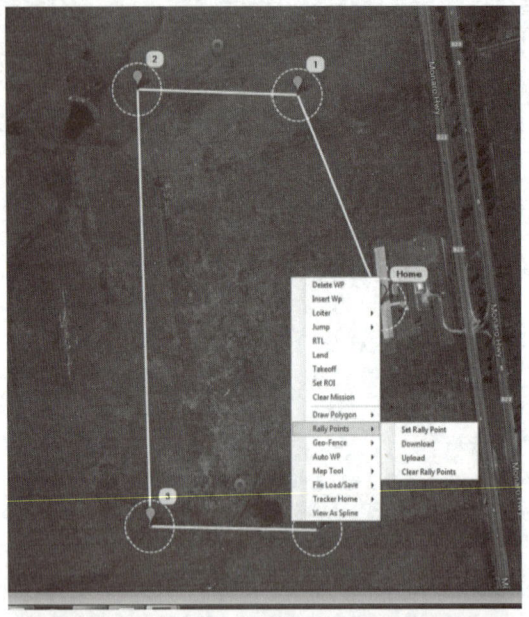

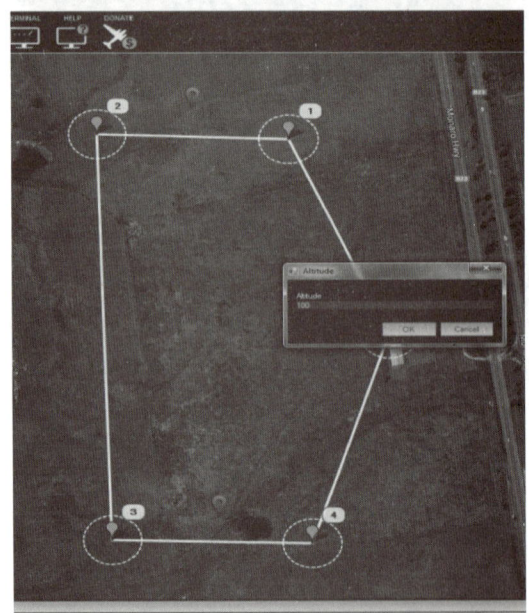

图 2-30　Rally Points 设置

小提示：当使用 geofence 时，Rally point 不能出界。确认 RallyPoint 的高度足够高，以避开建筑或山丘；因为内存关系，一般最多设置 10 个接力点，对于固定翼飞机，盘旋半径与其他盘旋点一致，由 WP_LOITER_RAD 参数确定；RTL_ALT 等参数没有用到。

【任务测评】

根据任务画出航线：

（1）起飞点（返航点）与考试席位的相对方位由委任代表根据现场环境等情况进行决定。于起飞点前规划一个等边三角形并循环执行，边长为 a，航线相对地面高度为 b，水平速度为 c，垂直速度为 d，转弯方式为停止转弯，停留时间不作要求；

（2）a 值建议为 30 米，b 值建议为 30 米，c 值建议为 3 m/s，d 值建议为 1 m/s。（航线方位及各数值可由委任代表按实际情况进行调整，考题以委任代表规定数值为准）

【扩展阅读】

无人机的战斗精神

对于没有接触过无人机的人来说，总感觉飞无人机和飞有人机相比，不用上天，没有什么安全风险。一次，一名工业部门的工作人员看到李浩在操纵飞机，便说了一句："开无人机很容易嘛，像是在打电动游戏机。"听到这种话，平时性子温和、很少与人争辩的李浩会激动地纠正："当无人机飞行员也有风险呀！作战时，有人机在受到攻击时还能进行规避甚至弃机跳伞，但是作为无人机系统神经中枢的地面方舱却是敌人打击的首要目标，在方舱受到攻击时，方舱不能移动，我们也不可能离开方舱而不管天上的飞机。"是呀，无论遇到多大的艰险，都要坚守在方舱内，为祖国战斗到最后一刻，这就是无人机飞行员的战斗精神。

新飞行员应侠清晰地记得，自己刚从航空兵部队选调到无人机部队时，以为学无人机很轻松，不就是像玩航模、打电子游戏一样嘛！然而李浩对他们上的第一堂课就颠覆了自己的认识："改装无人机并不比战斗机轻松，所以你们光有满腔热情还不够，必须要有敢于吃苦的精神，这样才能练就过硬素质本领！"很快，应侠就明白了李浩那句话的深刻意蕴。作为新员，不仅要学飞行原理，还要掌握地面控制站、传感器、信息处理等多门新知识。在狭小的操作方舱内训练时，自己必须同时紧盯显示屏上的影像和数十个跳动的数据，据此感知无人机态势并作出下一步操作，大脑高速运转的同时，一刻都不敢疏忽，因为所操作的无人机远离视线甚至在数百公里外，随时可能出现意外。

模块 3　无人机架空输电线路巡检作业

任务 7　无人机架空输电线路巡检作业系统

【情景创建】

我国电力行业长期依赖人工进行线路巡检的作业模式，如今显然已越来越不适应电力行业发展的需要。根据有关统计数据显示，在传统的人工巡检场景，每 100 千米的输电线路巡检大致需要 160 个工时，这个数据意味着，如果想在一个工作日内完成 100 千米的线路巡检，需要的线路巡检人员是至少 20 位，效率之低下显而易见。并且，在巡检人员对电线杆、高压导线、刀闸、铁塔、绝缘子、变压器等进行巡检时，主要以纸质形式记录巡检结果，这同时意味着作业时需要携带大量的资料，既对巡线人员的工作强度构成影响，同时也造成了后续的资料汇总和分析处理相当不便。对于选线人员来说，巡线工作的安全隐患也不容忽视，他们不得不面临很多高压输电线路架设在崇山峻岭甚至深山老林等极具风险地域的现实。

【任务实施】

无人机架空输电线路巡检系统正是在这样的背景下诞生的。相比传统电力巡检方式，它可以在作业难度较大的崇山峻岭和深山老林、江河湖泊之间轻松实现作业，不仅更加高效和更加安全，在作业精度上，也逐渐实现了跟专业摄像机相当的精度效果，那些用人工很难发现的线路受损部分，通过无人机空中巡视，可以清楚地进行研判。

知识点 11　无人机架空输电线路巡检作业系统组成

架空输电线路无人机巡检系统通常包括无人机分系统、任务载荷分系统和综合保障分系统。

1. 无人机分系统

无人机分系统是无人机巡检系统的重要组成部分，其性能直接影响无人机巡检系统的安全性与可靠性。无人机分系统包括导航系统、飞行控制系统、动力系统、通信链路系统几部分。

（1）导航系统。

无人机的导航系统是无人机的"眼睛"，导航子系统负责向无人机提供参考坐标系的位置、速度、飞行姿态等矢量信息，引导无人机按照指定航线安全、准时、准确地飞行。完善的无人机导航子系统具有以下功能：

① 获得必要的导航要素，包括高度、速度、姿态、航向；

② 给出满足精度要求的定位信息，包括经度、纬度；

③ 引导飞机按规定计划飞行；

④ 接收预定任务航线计划的装定，并对任务航线的执行进行动态管理；

⑤ 接收控制站的导航模式控制指令并执行，具有指令导航模式与预定航线飞行模式相互切换的功能；

⑥ 具有接收并融合无人机其他设备的辅助导航定位信息的能力；

⑦ 配合其他系统完成各种任务。

无人机导航系统主要分非自主（卫星导航）和自主（惯性导航）两种。

卫星导航系统各导航卫星不断地向地面传送本身随时间变化的精确位置，飞机、轮船等交通工具上的卫星定位接收仪接收到这些信息后，会迅速计算出自身的位置，从而达到导航的目的。卫星导航系统由导航卫星、地面台站和用户定位设备三部分组成。卫星导航系统能够为全球提供全天候、全天时的位置、速度和时间信息，精度不随时间变化，卫星导航优点是全球性、全天候、连续精密导航与定位能力，实时性较出色，但是不能提供载体的姿态信息，环境适应性较差，易受到干扰。卫星导航系统包括中国的北斗卫星导航系统、美国的全球定位系统、俄罗斯的格洛纳斯卫星导航系统、欧盟的伽利略卫星导航系统，现阶段应用较为广泛的卫星导航系统有全球定位系统（GPS）和中国北斗卫星导航系统等。

惯性导航系统属于一种推算导航方式，即从已知点的位置根据连续测得的运载体航向角和速度推算出其下一点的位置。惯性导航系统的加速度计用于测量载体在三个轴间运动加速度，经积分运算得出载体的瞬时速度和位置；陀螺仪用于测量系统的角速率，进而计算出载体姿态。惯性导航是一种完全自主的导航系统，不依赖外界任何信息，隐蔽性好，不受外界干扰，不受地形影响，能够全天候提供位置、速度航向和姿态角数据，但不能给出时间信息。惯性导航在短期内有很高的定位精度。由于惯性器件误差的存在，其定位精度误差随时间而增大。另外，每次使用之前需要较长的初始对准时间。

有时单一的导航技术不能满足性能指标的要求，此时需要借助于组合导航技术。将两种或两种以上的导航技术结合起来实现优势互补以提高导航系统的综合性能，被称为组合导航技术。虽然时至今日已有多种类型的无人机导航技术被研发和使用，但是在应用中需要根据实际需要选择最适合的导航技术，实现不同导航系统之间的优势互补，提高导航精度，同时满足特定工作环境的需要。在飞行器在长航时高速巡航过程中，惯性导航系统存在误差漂移，GNSS（全球卫星导航系统）导航可能会丢星、信号失锁，天文导航系统易受环境干扰，组合系统模型线性化误差易导致滤波发散等问题，不同导航系统之间可以通过数据融合来能协同工作。

（2）飞行控制系统。

飞行控制系统（Flight Control System）简称飞控，可以看作飞行器的大脑。多轴飞行器的飞行、悬停、姿态变化等等都是由多种传感器将飞行器本身的姿态数据传回飞控，再由飞控通过运算和判断下达指令，由执行机构完成动作和飞行姿态调整。飞控可以理解成无人机的 CPU 系统，是无人机完成起飞、空中飞行、执行任务、返场回收等整个飞行过程的核心系统，对无人机实现全权控制与管理。因此飞控子系统之于无人机相当于驾驶员之于有人机，是无人机执行任务的关键。飞控子系统主要具有如下功能：

① 无人机姿态稳定与控制；
② 与导航子系统协调完成航迹控制；
③ 无人机起飞（发射）与着陆（回收）控制；
④ 无人机飞行管理；
⑤ 无人机任务设备管理与控制；
⑥ 应急控制；
⑦ 信息收集与传递。

随着智能化的发展，当今的无人机已不仅仅限于固定翼与传统直升机形式，已经涌现出四轴、六轴、单轴、矢量控制等多种形式。固定翼无人机飞行的控制通常包括方向、副翼、升降、油门、襟翼等控制舵面，通过舵机改变飞机的翼面，产生相应的扭矩，控制飞机转弯、爬升、俯冲、横滚等动作。传统直升机形式的无人机通过控制直升机的倾斜盘、油门、尾舵等，控制飞机转弯、爬升、俯冲、横滚等动作。多轴形式的无人机一般通过控制各轴桨叶的转速来控制无人机的姿态，以实现转弯、爬升、俯冲、横滚等动作。

对于固定翼无人机，一般来说，在姿态平稳时，控制方向舵会改变飞机的航向，通常会造成一定角度的横滚，在稳定性好的飞机上，看起来就像汽车在地面转弯一般，可称其为侧滑。方向舵是最常用作自动控制转弯的手段，方向舵转弯的缺点是转弯半径相对较大，较副翼转弯的机动性略差。副翼的作用是进行飞机的横滚控制。固定翼飞机当产生横滚时，会向横滚方向进行转弯，同时会掉一定的高度。升降舵的作用是进行飞机的俯仰控制，拉杆抬头，推杆低头。拉杆时飞机抬头爬升，动能朝势能的转换会使速度降低，因此在控制时要监视空速，避免因为过分拉杆而导致失速。油门舵的作用是控制飞机发动机的转速，加大油门量会使飞机增加动力，加速或爬升，反之则减速或降低。

（3）动力系统。

如果说飞控是无人机的大脑，那么动力系统则被誉为无人机的心脏。人机根据动力来源的不同可分为油动无人机、电动无人机、固态氧化物燃料无人机、太阳能无人机、混合动力无人机。

① 油动无人机根据燃料的不同，油动无人机又可分为甲醇、汽油、重油无人机三种类型。它具有抗风能力强、续航能力强、飞行速度快、效率高等特点。

② 电动无人机的电动系统主要包含电机、电调、螺旋桨以及电池。它具有清洁能源、电机结构简单、造价低、事故率低等特点，但它的续航时间比较短。

③ 固态氧化物燃料无人机使用固态氧化物燃料作为动力，比如氢燃料，甚至据报道，目前核动力也在其研发范围内。

④ 太阳能无人机关键技术有两种：一要有效地将太阳能收集起来，并高效地转换为电能；二是解决夜间和太阳光微弱时的能源供应。但在高空低温的条件下有时不能正常工作，还会遇到高空结冰等问题。

⑤ 混合动力无人机这是一种新型双动力无人机。其动力系统由电驱动和常规发动机两种动力系统构成，由汽油发电机为电池充电、电池再发动电力引擎。动力可来自电池、汽油发电机、或者由两者同时提供，比单一的汽油引擎更小型、更高效。但它不像混合动力汽车一样，能从刹车中收集能量。混合动力无人机能够实现良好的起飞、爬升性能和静音、超长航时的结合。

架空输电线路无人机巡检系统普遍采用的是电动动力系统。电动的动力系统主要包含电机、电调、螺旋桨以及电池。

① 电机：将电能转化为机械能的一种转换器，由定子、转子、铁心、磁钢主要部分组成。电机分为有刷电机和无刷电机。无人机的电机主要以无刷电机为主，一头固定在机架力臂的电机座，一头固定螺旋桨，通过旋转产生向下的推力。

② 电调：电子调速器，其主要作用是就是将飞控板的控制信号，转变为电流的大小，以控制电机的转速。

③ 螺旋桨：将发动机转动功率转化为推进力或升力的装置，螺旋桨有两个重要的参数，桨直径和桨螺距，直径单位是英寸，螺距单位是毫米。我们平时所说的8045桨就是指直径8英寸螺距45mm的桨。

④ 电池：无人机上的电池一般是高倍率锂聚合物电池，特点是能量密度大、重量轻、耐电流数值较高等。

（4）通信链路系统。

通信链路系统是无人机系统的重要组成部分，其主要任务是建立一个空地双向数据传输通道，用于完成地面控制站对无人机的远距离遥控、遥测和任务信息传输。遥控实现对无人机和任务设备进行远距离操作，遥测实现无人机状态的监测。任务信息传输则通过下行无线信道向测控站传送由机载任务传感器所获取的视频、图像等信息，是无人机完成任务的关键，质量的好坏直接关系到发现和识别目标的能力。

无人机链路的机载部分包括机载数据终端和天线。机载数据终端包括RF接收机、发射机以及用于连接接收机和发射机到系统其余部分的调制解调器，有些机载数据终端为了满足下行链路的带宽限制，还提供了用于压缩数据的处理器。天线采用全向天线，有时也要求采用具有增益的定向天线。

链路的地面部分也称地面数据终端。该终端包括一副或几副天线、RF接收机和发射机以及调制解调器。若传感器数据在传送前经过压缩，则地面数据终端还需采用处理器对数据进行重建。地面数据终端可以分装成几个部分，一般包括一条连接地面天线和地面控制站的本地数据连线以及地面控制站中的若干处理器和接口。

对于长航时无人机而言，为克服地形阻挡、地球曲率和大气吸收等因素的影响，并延伸链路的作用距离，中继是一种普遍采用的方式。当采用中继通信时，中继平台和相应的转发设备也是无人机链路系统的组成部分之一。无人机和地面站之间的作用距离是由无线电视距所决定的。

无人机巡检系统对通信链路系统的要求：

① 实时性好、可靠性高要求。以便后台操控人员及时观察输电线路巡检的现场情况。

② 抗干扰能力强。对高压线及高压设备产生的电磁干扰有较强的抗干扰能力。

③ 绕障和穿透能力。在城区、城郊、建筑物内等非通视和有阻挡的环境使用时仍然具有卓越的绕障和穿透能力。

2. 任务载荷系统

随着计算机技术、通信技术的迅速发展以及各种数字化、质量轻、体积小、探测精度高的新型传感器的不断面世，无人驾驶飞行器系统的性能不断提高，应用范围和应用领域迅速拓展。无人机的续航时间从几十分钟延长到几十个小时，任务载荷从几千克到几百千克，这为长时间、大范围的遥感监测提供了保障，也为搭载多种传感器和执行多种任务创造了有利条件。通常将为完成特定任务在无人机上搭载的传感器称为任务设备，而任务载荷及其相配套的系列机载和地面设备共同构成了任务设备分系统。任务设备分系统的具体组成和无人机所执行的任务相关，根据任务的不同，同一型号的无人机也可装载不同的任务设备,通常将无人机任务设备分系统分为侦察设备、电子战设备、攻击设备、通信中继设备等。目前，无人机电力巡检系统主要使用可见光相机、光电吊舱、红外热像仪、激光雷达四种方式进行巡检任务。

（1）可见光相机。

可见光相机是装载在飞机上以拍摄地表景物来获取地面目标的光学仪器（见图3-1）。随着航空技术日新月异的发展，可见光相机已经在航空遥感、测量和侦察等领域发挥了重要的作用。可见光相机具有的良好的机动性、时效性和较低投入等优点，已成为获取地面信息的主要途径之一。可见光相机可获取巡检区域静态高分辨率影像，还可对影像上任意像点的坐标进行提取，完成多幅满足一定要求影像的自动拼接，已在电力巡检系统得到了广泛的应用。

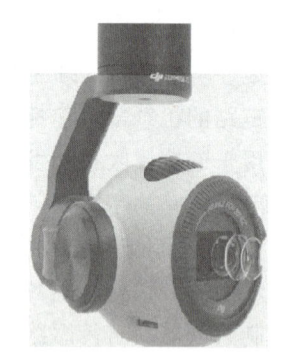

（a）高清相机　　　　　　　　（b）变焦相机

图 3-1　可见光相机

（2）光电吊舱。

光电吊舱（见图 3-2）通过减振器能有效地降低无人机发动机振动对检测设备的影响，通过陀螺增稳系统的反馈控制，对无人机产生的晃动进行补偿，使输出的视频在高振动环境下稳定，获得相对惯性空间稳定的平台空间，以保持视角的有效性，满足对被检测系统的定位。在控制指令的驱动下，可实现吊舱对输电线路、杆塔和线路走廊的搜索和定位，同时进行监视、拍照并记录。有些吊舱还采用图像处理技术，实现对被检测设备的跟踪和凝视，已取得更好的检测效果。

（a）光电吊舱实物图　　　　　　　（b）架空输电线路光电吊舱巡检

图 3-2　光电吊舱

（3）红外热成像仪。

大气烟云对可见光和近红外线的吸收较强，但是对 3～5 μm 和 8～14 μm 的热红外线却是透明的，故将这两个波段称为热红外线的"大气窗口"。人们利用这两个窗口，能在完全无光的夜晚，或是在烟云密布的战场，清晰地观察到前方或地面的情况。正是由于这个特点，红外热成像技术在民用和军事领域都得到了广泛应用，极大地提高了观测系统的全天候侦测能力。利用红外热像光谱探测器对具有热泄露的输电线路进行探测，并将温度高于其周围背景的地物通过热白图像实时记录并传输至地面监测设备，或存储在机载电子存储器上，对全站设备和设备接头进行红外测温，提前发现隐患。红外热成像技术在架空输电线路无人机巡检的优点有：

① 红外热成像技术是一种被动式的非接触的检测与识别。在进行设备状态诊断时具有远距离、不接触、不取样、不触体，又具有准确、快速、直观等特点，实时地在线监测和诊断电气设备大多数故障。因此，红外热成像仪的操作者更安全。

② 红外热成像技术利用的是热红外线，不受电磁干扰，能远距离精确跟踪热目标，在变电所应用更突出其优点。

③ 红外热成像技术能真正做到 24 小时全天候监控红外辐射，是自然界中存在最为广泛的辐射，是在雨、雪等烟云密布的恶劣环境，也能清晰地观察到监控的目标。

④ 红外热成像技术的探测能力强，作用距离远。温度分辨率高达 0.1～0.02 ℃，测温范围 50～2000 ℃，应用领域宽，测温精度高。

⑤ 红外热成像仪可以同时测量物体表面各点温度的高低，直观地显示物体表面的温度场，并以图像形式显示出来。同时红外热成像仪可以探测目标物体的红外热辐射能量的大小，不会出现光晕或关闭，因此不受强光影响。

在架空输电线路巡检中，无人机热成像仪进行信息化、智能化输电线路电力巡航检测，解决了传统的人工电力巡线方条件艰苦、效率低等问题（见图 3-3）。红外热像仪能快速发现线路中温度异常部位并保存相应的红外图片及视频资料，通知相关维护人员及时进行修理，不仅提高了电力线路巡检的工作效率、大大减轻电力服务人员的工作负荷，而且减少可能发生的人员危险的概率，降低电力设备的维护成本，提高电网的安全性和可靠性。

图 3-3　架空输电线路热红外巡检

（4）激光雷达。

激光雷达（Light Detection and Ranging，LiDAR），如图 3-4 所示，作为一种先进的主动遥感技术，近年来迅速发展，通过直接获取目标地物的三维空间坐标信息来进行实时三维成像，具有极高的距离分辨率和角分辨率，较强的抗干扰能力，使其可以高精度的获取地表物体的高度信息。激光雷达发射的激光脉冲能部分地穿透树林遮挡，精确地获取树木和林冠下地形地貌。三维激光雷达技术优势有：

① 主动遥感：以主动测量方式采用激光测距方法，不依赖自然光；因太阳高度角、植被、大雾、夜间等影响传统航测方式往往无能为力的阴影地区，其获取数据的精度完全不受影响。

② 高效快速获取数据：通过有人机、无人机、车载或者其他平台可以快速高效的获取数据。

③ 高精度数据：机载激光雷达可以达到 0.3 m 左右的精度。

④ 植被穿透能力：由于激光雷达具有多次回波特性，激光脉冲在穿越植被空隙时，可返回树冠、树枝、地面等多个高程数据，有效克服植被影响，更精确探测地面真实地形和树木实际高度。

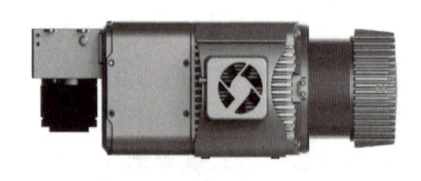

（a）激光雷达实物图　　　　（b）无人机激光雷达系统

图 3-4　激光雷达

目前激光雷达技术在架空线路巡检已有成熟的应用。通过三维激光雷达数据可以查找线路中的安全隐患和故障，及时进行检修，以尽最大限度地避免事故事件的发生，或以最高的效率恢复线路的正常运行，确保电网的安全稳定运行。激光雷达技术在电力方面的应用优势是可以快速找出距离敏感点，判断在建输电线路安全隐患和异常。

机载雷达测量系统可以很好地解决空间定位和量测精度等问题，通过雷达设备，可以直接采集线路走廊高精度三维激光点云和高分辨率航空数码影像，进而获得高精度三维线路走廊地形、地貌、地物和线路设施设备空间信息，包括杆塔、挂线点位置、电线弧垂等。可以精确、快速地量测线路走廊地物（特别是房屋、树木、交叉跨越）到电线的距离、导线线间距离等是否满足设计规范及安全运行要求。另外，高分辨率航空数码影像可以供巡检人员判读输电线路和通道安全隐患和异常。

根据《架空送电线路运行规程》，巡线时需要检测的安全距离主要包括：
① 导线在最大计算弧垂情况下与地面最小距离；
② 导线在最大计算风偏情况下与山坡、峭壁、岩石之间的最小净空距离；
③ 导线在最大计算弧垂情况下与建筑物之间的最小垂直距离；
④ 边导线在最大计算风偏情况下与建筑物之间的最小水平距离；
⑤ 导线在最大弧垂情况下与树木之间的垂直距离；
⑥ 导线在最大风偏情况下与树木之间的净空距离；
⑦ 导线到铁路、各等级公路、电车道、河流的垂直距离和水平距离；
⑧ 导线到交叉跨越（电力线、通信线、管道和索道）的距离。

利用机载雷达技术，完全可以高精度、全面的实现运行规程中的安检技术要求。系统一旦检测出小于安全距离的激光数据点，则自动汇总并输出图表，以便于运行维护人员进行野外现场校核确认及实施检修（见图3-5）。

（a）激光雷达输电线路点云数据

#016-#017缺陷点检测结果

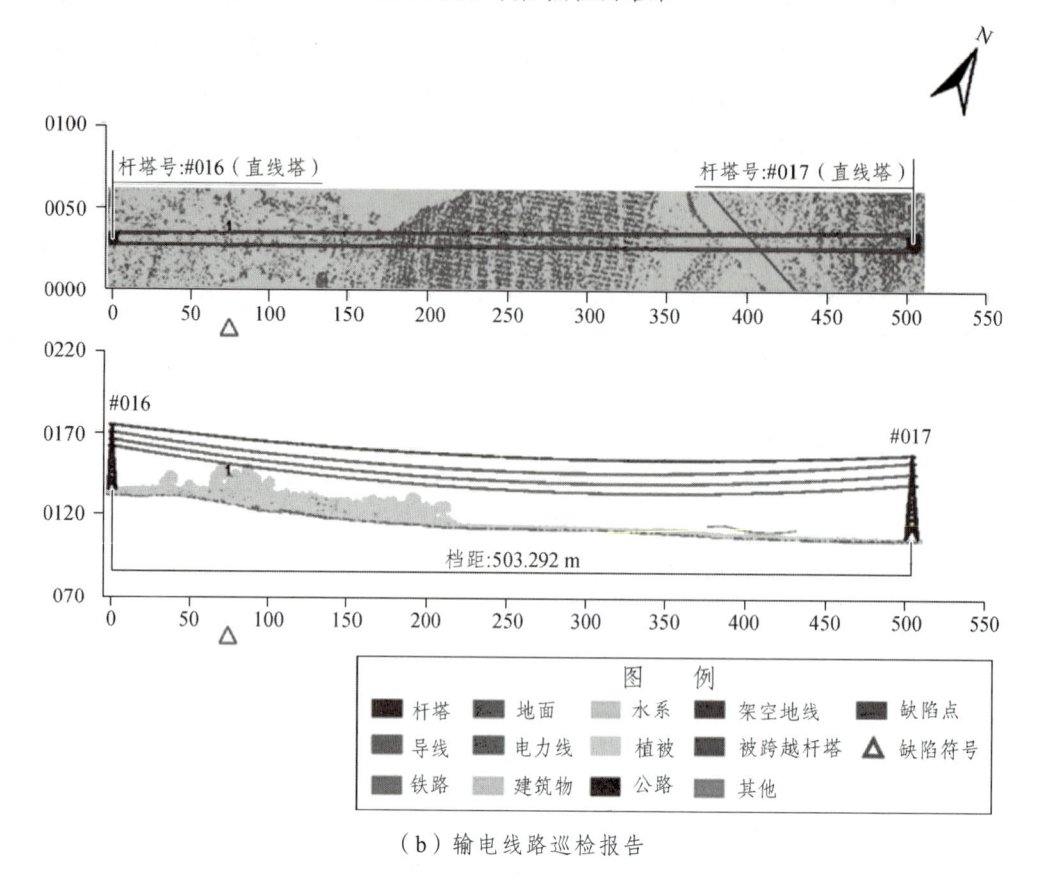

（b）输电线路巡检报告

图 3-5　激光雷达在电力方面的应用

（5）其他典型设备。

激光测高仪：无人机装载的激光测高仪就是利用激光对无人机相对于目标之间的距离进行准确测定的仪器。激光测高仪在工作时向目标射出一束很细的激光，由光电元件接收目标反射的激光束，计时器测定激光束从发射到接收的时间，进而计算出从飞机到目标的距离。激光测高仪主要由激光发射机、激光接收机、计算显示系统、电源系统四部分组成。

影像解析与定位处理设备：根据影像量测和解析需要，可对无人机利用各类侦测设备获取的航空影像进行几何纠正、辐射校正等预先处理，之后根据处理影像的性质或特点不同，利用空间摄影测量、图像处理等技术，对目标进行高精度定位，对获取影像进行立体提取与显示，对满足一定要求的影像进行自动拼接，对多源图像进行融合等。

稳定转台：稳定转台主要用来隔离无人机飞行姿态变化、振动等对航拍的影响，得到高质量的电视画面（可见光或红外视频图像）。不同类型无人机其稳定转台结构也各异，如某型光电稳定转台就是由球形吊舱（含陀螺平台）、电子部件和收放机构等组成，它是一种双轴的光轴稳定平台，平时是收在机体内部，工作时放下球形吊舱伸出于机体下表面，进行下半球全方向跟踪目标并进行摄像，完成飞行任务后、着陆时光轴稳定平台接收到遥控指令将平台的吊舱收入机内，防止着陆时遭损坏。

视频图像编辑设备：无人机利用可见光相机或红外热像仪等设备，可以获取视频图像。视频图像因其实时性、连续性等特点,在民用和军事领域应用都极为广泛。为了提高视频图像的显示效果,需要对无人机视频图像进行必要的编辑。电视编辑设备就是利用监视器、录像机和编辑机等,将无人机执行巡检任务时的视频素材,经过一定的编辑整理而成为录像资料。

3. 综合保障分系统

综合保障分系统由地面保障设备和储运车辆组成。

地面保障设备包括供电设备、燃油箱、抽油泵、备用电池、充电器、测频仪专用工具等。

大、中型无人机巡检系统需配备专用储运车辆,小型无人机巡检系统可根据需要配备储运车辆。

知识点 12　无人机架空输电线路巡检作业系统分类

无人机巡检系统分类方法多样,主要依据无人机分系统的机体特征、空机质量、环境温度、适用海拔进行分类。

1.按照机体特征进行分类

目前,根据应用领域与作业范围的不同,市面上无人机的种类繁多。但针对于输电线路巡检的无人机机型主要有固定翼无人机(见图3-6)、无人直升机以及多旋翼无人机(见图3-7)三种。

图 3-6　固定翼无人机　　　　图 3-7　旋翼无人机

固定翼无人机飞行距离长,速度快,巡航面积大,在巡检作业中适合对线路走廊大面积快速巡视。但由于其自身结构原因,不能悬停获取连续某处影像,且只能按照固定航线飞行不够灵活,飞行转弯弧度大,飞行速度快,因此对其所携带的设备性能要求高,操作难度较高,同时对起飞降落场地有一定要求。

无人直升机可以实现定点起降,并且可以进行空中悬停,但抗风性较差,抖动较严重,拍摄出的影像容易出现虚化、条状影带等问题,难以获得高质量的影像。

多旋翼无人机体积小、重量轻、噪音小、隐蔽性好,适合多平台,多空间使用,飞行稳定性高，抵御气流干扰能力强。飞行高度低，具有很强的机动性，执行特种任务能力强，可以对线路杆塔、绝缘子、金具等设备进行高质量影像信息采集，便于技术人员进行后续分析。

2. 按照空机质量分类

按照空机质量分类，中国民用航空局飞行标准司在《无人驾驶航空器系统驾驶员管理暂行规定》（AC61-FS-2013-20）中将无人机分为微型、轻型、小型、大型，依据此分类适合于输电线路巡检用的无人机多为微型和轻型无人机。对输电线路巡检用的无人机巡检系统，按照空机质量的分类标准见表3-1。

表3-1 按照空机质量分类

类别	旋翼无人机/kg	固定翼无人机/kg
大型	≥116	≥20
中型	7～116	7～20
小型	≤7	≤7

3. 按照环境适应性分类

按照环境适应性等级分类，可按适用环境温度和最高海拔高度进行划分。按运用环境温度无人机巡检系统分为普通型、高温型、低温型、极低温型和特殊型。各型无人直升机巡检系统适用的环境温度范围见表3-2。

表3-2 按适用环境温度分类

类别	适用环境温度	
	最低温度/°C	最高温度/°C
普通型	-10	45
高温型	-10	65
低温型	-20	45
极低温型	-20	45
特殊型	不在以上所列范围内	

按适用最高海拔高度，无人机巡检系统分为Ⅰ、Ⅱ、Ⅲ、Ⅳ型和Ⅴ型，见表3-3。

表3-3 按照适用最高海拔高度分类

类型	最高海拔高度/m
Ⅰ	1 000
Ⅱ	2 000
Ⅲ	3 000
Ⅳ	4 000
Ⅴ	6 000

【任务测评】

简述无人机架空输电线路巡检作业系统组成与分类

【扩展阅读】

把无人机巡检做到极致 ——记国网工匠何涛

人物简介：

何涛，中共党员，重庆永川供电公司智能巡检中心无人机巡检技术员，曾获重庆"巴渝工匠年度人物"、重庆市"五一劳动奖章"等荣誉。

人物评价：

何涛把兴趣变为热爱，把热爱融入工作，在工作上实现引领。他本身代表的就是一种工匠精神。

——重庆永川供电公司智能运检分公司经理 杨宏

何涛几乎随时都在了解与无人机相关的新设备新技术，并致力于将此应用到工作中。他在我们心中就是无人机的代言人。

——重庆永川供电公司智能运检分公司智能运检事业部副主任 晏新

他，被称为"无人机大神"，研发的无人机提高了重庆永川供电公司线路巡检工作效率。

他，牵头成立的永川供电公司无人机创新工作小组，不仅攻克了无人机巡线方面的技术难题，还利用无人机红外热成像技术协助警方追捕犯罪嫌疑人。

他就是永川供电公司智能巡检中心无人机巡检技术员何涛。

4月9日傍晚，在永川区中山路街道，刚下班的何涛来到一间他个人的工作室，继续忙碌着。车床、铣床、雕刻机及各式各样的设备挤满了这个不算宽敞的空间，机器的运转声有规律地嗡嗡作响。室内工作台的周围，几架无人机错落摆放着。

在何涛同事们眼里，他对待无人机的态度可以用两个字形容，那就是"入魔"。

沉迷钻研心生对无人机的热爱

2007年，何涛大学毕业后来到四川甘孜藏族自治州电力有限责任公司，任发展部综合计划专责。"在当时的技术条件下，巡检线路全靠人工完成。"何涛回忆。

甘孜藏族自治州地处四川西部、康藏高原东南，境内地形复杂、山高林密。何涛很快在线路巡检、变电站规划选址等方面感受到当地地形给工作带来的不便。也正是在那段时间里，何涛萌生了运用技术手段提升线路巡检效率的想法。

2008年，何涛开始接触遥控航空模型。2010年，何涛又接触了无人机。为了进一步了解无人机，何涛每天在工作之余上网逛无人机论坛、看视频，还加入各种无人机微信群，和群友交流无人机技术相关的话题。渐渐地，何涛愈发痴迷于无人机的研发。

为了自制无人机，何涛自掏腰包先后花费了近20万元，购买了车床、铣床、雕刻机、3D 打印机、飞行控制器及遥控器等无人机零部件。何涛回忆，那时候，自己设计制作的无人机经常坠机，所以他一直在反复修改图纸，优化无人机的结构。有次试验时，无人机的螺旋桨伤到他左手腕的主静脉和右手腕的肌腱。虽然受了伤，但他仍沉浸在无人机研发带来的乐趣中，也坚定了继续钻研无人机巡检技术的想法。

2012 年，由于工作调动，何涛从甘孜藏族自治州电力有限责任公司调到了永川供电公司发展策划部。2015 年 7 月，永川供电公司购置了第一台四旋翼无人机，为开展无人机巡检工作做准备。这项工作由该公司输电检修班负责。得知这一消息后，何涛主动申请加入，希望在岗位上圆梦。

4 年时间研发更新 4 代巡检无人机

永川供电公司输电检修班成员从未接触过无人机技术。当时，该班组只配备了两名兼职飞手。何涛加入后成为该班组的一名专职飞手。

2016 年 8 月的一天，兼职飞手晏新和何涛聊天，说一条 110 千伏的输电线路被空飘物缠绕，处理难度较大，当时检修人员不得不采取停电方式处理。这件事让何涛好几天都没睡好觉。

"有一天，我看到一部战争片中出现了一个火焰喷射器。我就想能不能把火焰喷射器安装在无人机上面，对线路异物进行带电清除。"何涛说。被这个难题困扰好几天后，他终于有了一点启发，便着手开始设计图纸。

要在无人机上安装喷火装置，清除高空线路上的异物，这在行业内并无先例可以借鉴。这对何涛来说既是机遇也是挑战。

2016 年 9 月，经过一个多月的研究和试验，何涛和两名兼职飞手自主研发出喷火清障无人机，名为"四旋翼喷火清障无人机"。面对普通的塑料袋、马蜂窝等附着在线路上的物体时，喷火清障无人机只需 10 余秒就能清理完毕。

喷火清障无人机的成功应用，让何涛获得了强烈的成就感。他在这款无人机的基础上不断改进，很快就研发出第二代六旋翼喷火清障无人机，并试飞成功。第二代无人机的机体搭载能力比第一代提升了 1 倍，续航时间增加 25%。2019 年，何涛研发出搭载矢量喷嘴的第四代六旋翼喷火无人机，并投入应用。到 2020 年年底，第四代六旋翼喷火无人机的喷火吊仓任务模块已改版 3 次。现在，喷火吊仓任务模块内载有燃料箱、油泵、自动点火和夜间照明装置。

4 年时间，4 代产品，何涛始终保持着精益求精的态度，钻研无人机巡检线路的智能化应用。

致力推广无人机智能巡检技术

2018 年 12 月，永川供电公司无人机智能巡检中心无人机作业班成立，该公司线路巡检业务由人工向智能转变。

重庆大多数输电线路是建在山上或人迹罕至的地方。对供电员工而言，巡检线路并不容易。过去，由于无人机的相关技术还不太成熟，何涛和同事要通过步行方式来校准永川区 35 千伏至 220 千伏 1600 千米输电线路的杆塔坐标。

在为无人机巡检做前期准备工作的 1 年时间里，何涛好像随时都有灵感。他不断攻克无人机大数据和人工智能领域的新技术，把这些技术应用在无人机上。在一次次的登山巡线过程中，何涛总结、研究重庆地形特点，打算设计一款应用更广泛的无人机,并希望把无人机智能巡检技术推广到全行业。

最终,何涛及团队研发出了适用于山地地形的无人机自控软件和分析系统,让永川供电公司的线路巡检业务效率比过去提升了5倍。

现在,永川供电公司智能巡检中心无人机作业班除了有16名专业飞手,还有搭载可见光、红外热成像、30倍光学变焦等各类巡检设备的无人机38台,大幅提高了该公司线路巡检效率。

"钻研无人机技术是我毕生的追求。可以的话,我想一直研究无人机巡检,用技术手段提高线路运维水平。"何涛说。

任务 8　无人机架空输电线路巡检标准化作业

【情景创建】

目前,我国已经建成了六大跨省区的电网,分别是南方、西北、华东、华中、华北和东北这六大电网,主要以 500 kV 及以上的交直流输电线路为主。我国幅员辽阔,地形也相对复杂,丘陵较多、平原较少,加上气象条件的复杂多变,给跨区电网和超高压输电线路工程的运行带来一定难度,单靠常规的运行方式很难满足电力运行的要求。

【任务实施】

随着航空、遥感以及信息处理等技术的快速发展,无人机架空输电线路巡检因其方式灵活、成本低,不仅能够发现杆塔异物、绝缘子破损、防震锤滑移、线夹偏移等缺陷,还能够发现金具锈蚀、开口销与螺栓螺帽缺失、查找闪络故障点等人工巡检难以发现的问题。那么无人机架空输电线路巡检巡什么?怎么巡?

知识点 13　无人机架空输电线路巡检作业分类和方式

1. 作业分类

根据不同运维需求,无人机巡检作业可分为正常巡检、故障巡检、特殊巡检。

(1) 正常巡检。

周期性开展,目的在于经常掌握线路各部件运行情况及沿线情况,及时发现设备缺陷和威胁线路安全运行的情况。主要应用无人机巡检系统对输电线路导线、绝缘子、附属设施、线路走廊等进行常规性检查;故障巡检时,根据故障信息,应用无人机巡检系统确定重点巡检区段和部位,查找故障点及其他异常情况。

(2) 特殊巡检。

发生故障后开展,目的在于掌握线路发生故障的情况,线路故障后,根据故障信息，确定重点巡检区段和部位，找出故障点并查明故障原因。特殊巡检应根据需要及时进行，对全线某区段或某些部件进行巡检，以发现线路的异常现象及部件的变形损坏。

（3）故障巡检。

根据设备内外部环境及特殊生产需要做出的加强性、防范性及针对性巡检，如防山火巡检、防外破巡检、灾后巡检等。

2. 巡检方式

根据无人机在巡检时的飞行轨迹或者航线规划的不同，无人机巡检作业可分为单侧巡检、双侧巡检、上方巡检。

（1）单侧巡检。

① 对 500 kV 及以下电压等级的交、直流单回或同塔双回输电线路，在无人机传感器视场能够覆盖巡检目标且目标间无明显遮挡时，宜采取单侧巡检方式。

② 较陡山坡线路区段采取单侧巡检方式，无人机处于远离山坡侧。

③ 其他不宜开展双侧巡检工作的线路区段（如巡检一侧输电线路时无人机长时间处于工厂、民房、公路、大桥或其他输电线路上方），仅在可巡检侧采取单侧巡检方式。

（2）双侧巡检。

① 对 500 kV 及以下电压等级的交、直流同塔四回及以上输电线路，及 500 kV 以上电压等级的交、直流输电线路，在无人机传感器视场无法覆盖巡检目标或目标间有明显遮挡无法区分时，应采取双侧巡检方式。

② 对 500 kV 及以下电压等级的交、直流单回或同塔双回输电线路，有特殊巡检需求时宜采取双侧巡检方式。

（3）上方巡检。

① 采用固定翼无人机进行通道巡检时，一般采用上方巡检方式。

② 采取上方巡检方式时，巡检高度一般至少为线路地线上方 100 m。

根据无人机不同的巡检对象，无人机巡检作业可分为杆塔巡检和档中巡检。

（1）杆塔巡检。

① 应采用旋翼无人机对杆塔进行巡检，不宜采用固定翼无人机进行杆塔巡检。

② 无人机应以低速接近杆塔，必要时可在杆塔附近悬停，使传感器在稳定状态下采集数据，确保数据的有效性与完整性。

③ 中型、大型无人机杆塔巡检高度宜与线路地线横担等高或稍高，当下端部件视角不佳不能看清时，可适当下降高度，自动飞行时最低高度应大于最小无地效高度。

④ 手动操作飞行时，中型、大型无人机外缘与杆塔及线路边导线巡检侧外缘水平距离分别不小于 15 m、20 m。自动飞行时，各水平距离比手动操作飞行相应增大 10 m。

⑤ 中型、大型无人机在每基杆塔处低速或悬停巡检时间依照无人机具体性能参数及所携带传感器数据采集时间决定。

⑥ 小型无人机可根据实际需求调整悬停姿态及时间，无人机外缘与待巡检设备、

部件的水平距离一般不宜小于 10 m，可根据无人机性能、线路电压等级和巡检经验调整。

⑦ 旋翼无人机不应在杆塔正，上方悬停。

（2）档中巡检。

① 无人机飞行方向应与该档线路方向平行。

② 中型、大型旋翼无人机飞行高度宜与线路地线横担等高或稍高，中型、大型固定翼无人机飞行高度宜高于线路地线上方 100 m 以上，小型无人机宜与巡检目标、地线同高。

③ 手动操作飞行时，中型、大型无人机与巡检侧边导线的水平距离分别不小于 15 m、20 m。

④ 自动飞行时，各水平距离比手动操作飞行相应增大 10 m。

⑤ 小型无人机与巡检侧边导线的水平距离一般不宜小于 10 m，可根据无人机性能、线路电压等级和巡检经验调整。

⑥ 旋翼无人机不应在线路正上方飞行，禁止在导线之间穿行。

知识点 14　无人机架空输电线路巡检内容

运用无人机进行输电线路巡检作业按照巡检内容主要分为线路本体、附属设施、通道及电力保护区三大部分（见表 3-4）。

1. 线路本体巡检

线路本体巡检主要包括：

（1）地基与基面。需检查挖掘后回填土是否出现下沉，地面是否水淹、冻胀，以及是否有堆积杂物等情况。

（2）塔杆。需检查杆塔基础是否出现破损、疏松、裂纹、露筋等；杆塔倾斜、塔材变形、螺栓丢失、严重锈蚀、脚钉缺失、爬梯变形、土埋踏脚等；混凝土杆未封杆顶、破损、裂纹、爬梯变形等情况。

（3）接地装置。需检查是否出现接地体断裂、严重锈蚀、螺栓松脱；接地体外露、缺失，连接部位有雷电烧痕等情况。

（4）绝缘子。需检查是否出现伞裙破损、弹簧销缺损，绝缘子串严重倾斜；钢帽裂纹、断裂，钢脚严重锈蚀或蚀损、有放电痕迹；绝缘子温度异常等情况。

（5）导线。线路金具散股、断股、断线；放电烧伤、严重锈蚀，悬挂漂浮物、覆冰；弧垂过大或过小，导线异物缠绕，导线对地及交叉跨越距离不足；舞动、风偏过大等情况。

（6）线路金具。需检查是否出现线夹断裂、销钉脱落、严重锈蚀；均压环、屏蔽环烧伤、螺栓松动；防振锤跑位、脱落、严重锈蚀、阻尼线变形；间隔棒松脱、变形或离位、悬挂异物；线夹、接续管、耐张管、引流板等异常发热；线夹、均压环、屏蔽环异常放电等情况。

2. 附属设施巡检

附属设施巡检主要包括：

（1）防雷装置。需检查线路避雷器是否存在动作异常，计数器是否正常工作、引线接头是否松脱等情况。

（2）防鸟装置。需检查鸟刺及驱鸟装置是否出现变形、破损、螺栓松脱等情况。

（3）监测装置。需检查是否存在缺失、损坏、断线、移位等情况。

3. 通道及电力保护区巡检

通道及电力保护区巡检主要包括：

（1）检查线路与附近建筑物、树木等障碍物是否保持足够的安全距离。

（2）检查在线路下方或保护区是否存在有危及线路安全的施工作业及其他安全隐患。

（3）检查线路附近是否存在易燃易爆物品及烟火现象。

（4）检查是否存在由于自然灾害引起通道环境变化。

表 3-4　架空输电线路无人机巡检内容一览表

巡检对象	检查线路本体、附属设施、通道及电力保护区有无以下缺陷、变化或情况		巡检手段
线路本体	地基与基面	回填土下沉或缺土、水淹、冻胀、堆积杂物等	可见光
	杆塔基础	明显破损、酥松、裂纹、露筋等，基础移位、边坡保护不够等	
	杆塔	杆塔倾斜、塔材变形、严重锈蚀，塔材、螺栓、脚钉缺失、土埋塔脚等；混凝土杆未封杆顶、破损、裂纹、爬梯变形等	
	接地装置	断裂、严重锈蚀、螺栓松脱、接地体外露、缺失，连接部位有雷电烧痕等	
	拉线及基础	拉线金具等被拆卸、拉线棒严重锈蚀或蚀损、拉线松弛、断股、严重锈蚀、基础回填土下沉或缺土等	
	绝缘子	伞裙破损、严重污秽、有放电痕迹、弹簧销缺损、钢帽裂纹、断裂、钢脚严重锈蚀或蚀损、绝缘子严重倾斜、绝缘子温度异常	
	导线、地线、引流线、OPGW	散股、断股、损伤、断线、放电烧伤、导线接头部位过热、悬挂漂浮物、弧垂过大或过小、严重锈蚀、有电晕现象、导线缠绕（混线）、覆冰、舞动、风偏过大、对交叉跨越物距离不够等	可见光、红外、（紫外）
	线路金具	线夹断裂、裂纹、磨损、销钉脱落或严重锈蚀、发热；均压环、屏蔽环烧伤、螺栓松动、发热；防振锤跑位、脱落、严重锈蚀、阻尼线变形、烧伤；间隔棒脱落、变形或离位、悬挂异物；各种连板、联接环、调整板损伤、裂纹、发热等	

续表

巡检对象	检查线路本体、附属设施、通道及电力保护区有无以下缺陷、变化或情况		巡检手段
附属设施	防雷装置	避雷器动作异常、计数器失效、破损、变形、引线松脱；放电间隙变化、烧伤等	可见光
	防鸟装置	固定式：破损、变形、螺栓松脱等；活动式：动作失灵、褪色、破损等；电子、光波、声响式：损坏	
	各种监测装置	缺失、损坏	
	航空警示器材	高塔警示灯、跨江线彩球等缺失、损坏、失灵	
	防舞防冰装置	缺失、损坏等	
	ADSS光缆	损坏、断裂、弛度变化等	
	杆号、警告、防护、指示、相位等标志	缺失、损坏、字迹或颜色不清、严重锈蚀等	
通道及电力保护区（外部环境）	建（构）筑物	有违章建筑，导线与建（构）筑物安全距离不足等	可见光、激光
	树木（竹林）	有新栽树（竹），导线与之安全距离不足等	
	施工作业	线路下方或附近有危及线路安全的施工作业等	
	火灾	线路附近有燃放烟火，有易燃、易爆物堆积等	
	交叉跨越变化	出现新建或改建电力、通信线路、道路、铁路、索道、管道等	
	防洪、排水、基础保护设施	大面积坍塌、淤堵、破损等	
	自然灾害	地震、冰灾、山洪、泥石流、山体滑坡等引起通道环境变化	
	道路、桥梁	巡线道、桥梁损坏等	
	污染源	出现新的污染源或污染加重等	
	采动影响区	出现新的采动影响区、采动区出现裂缝、塌陷对线路影响等	
	其他	线路附近有人放风筝、有危及线路安全的飘浮物、采石（开矿）、射击打靶、藤蔓类植物攀附杆塔	

【任务测评】

无人机架空输电线路巡检作业过程中需要注意哪些问题？

【扩展阅读】

海南电网组建近 600 架无人机空中巡逻队

海南电网公司大力推广无人机自动驾驶巡检技术。目前全省已完成 9 502 公里输电线路三维数字化通道建设，9 350 公里三维航线设计，配置各种用途、不同型号的无人机共 500 多架，培养了无人机电力巡检驾驶员 300 多人，基本实现 35 千伏及以上输电线路自动驾驶全覆盖，形成了"机巡为主、人巡为辅"的巡维大格局。

今年 54 岁的周令武是一名巡线老师傅，11 月 3 日他在文昌电力培训基地学习操控无人机。他说，以前人工巡线常背着沉重的工具包，装着望远镜、测温仪、绝缘手套等，开着皮卡车一座杆一座塔，挨个巡线检查。如果遇到需要登杆塔确认故障具体情况，还需要带上爬梯、脚钩、安全带等装备。"人工巡线 2 人 1 组 1 天也只能完成 10 基杆塔（2-3 公里）巡视，不仅耗费时间长，还要常与山蚂蟥、黄蜂和蛇斗智斗勇。无人机巡后，一架无人机 2 人 1 组 1 天就可以完成 50 基杆塔（15 公里）巡线，工作效率提高近 5 倍。"周师傅说。

为了培养更多"飞手"，每年海南电网开展无人机实操培训。"今年以来我们已经完成 7 期自动驾驶技术业务培训，'飞手'们不仅要掌握无人机操作技巧，还要学习自动驾驶点云采集、降噪处理、航线规划等关键技术。"机巡中心副经理杨杰说。

据悉，海南每年要经历大大小小台风，今年 18 号台风"圆规"袭击后，琼海、文昌一带受灾严重。"圆规"台风过后，海南电网共投入飞手 124 人，出动无人机 61 架，开展作业 202 架次，勘察输配电杆塔 6098 基，发现故障点 77 处，为全省抢修复电争取了更多时间。

除了灾后抢修，无人机这支应急"突击队"在重大活动保供电中也发挥重要作用。比如在琼海博鳌亚洲论坛和文昌卫星发射保供电前期，他们将协助各供电局开展重要保电线路巡检，"揪"出安全隐患，做好缺陷隐患的分析识别等，确保线路设备安全稳定运行。今年，全省机巡作业发现严重树障隐患达 7 479 处，发现设备缺陷达 1 912 项。

近几年，无人机家族不断发展壮大，之前多旋翼无人机只能巡线、勘灾、传输现场画面，现在各类特种无人机，新添"喷火"、"红外"、"夜视"等功能，关键时刻能帮大忙。

"以后我们还将不断拓宽无人机应用领域，比如在变电领域进行智能巡视、无人机加带电作业、无人机绝缘子清洗等。"杨杰说，全省 26 个北斗基站投入使用后，数据传输和信息定位将更精准，为无人机自动驾驶技术打下坚实基础。

任务 9　无人机架空输电线路巡检作业标准化流程

【情景创建】

无人机巡检不仅可有效降低企业人工投入成本，而且能克服由于复杂地形、极端天气等人为不可控因素而无法进行巡检作业的情况，极大地提高了巡检作业范围和效率。无人机通过搭载可见光与红外检测设备，可对输电线路进行拍照录像或红外成像检查，具有巡检质量高、效率高、不受地域影响等优点。相比人工巡检模式，采用无人机巡检将大幅提高电网运检效率。

【任务实施】

电力事业中不允许出现任何一点问题，如果真的是想要保障好电力工程不会有任何的问题，就需要针对不同的巡检方法进行标准化作业流程。

知识点 15　作业前准备

巡检前作业人员应进行现场勘查，确定作业内容和无人机起、降点位置，了解巡检线路情况、海拔高度、地形地貌、气象环境、植被分布、所需空域等，并根据巡检内容合理制定巡检计划。必要时作业单位要向航空管制部门报批巡检计划。

1. 人员配备

应根据巡检任务和所用机型合理配置人员，一般小型机需操作人员 2～3 名，中型机 3～4 名，大型机 5～8 名巡检作业前应对作业区域的航空、气象、地理等必要知识进行了解。

2. 设备检查

飞行平台检查：巡检作业前应检查无人机机身各部件是否存在损伤，机体与云台信号连接是否正常，以及电池电量、燃油燃料是否充足等。作业所需飞机必须进行机体检查和飞行测试，由飞行测试人员确认安全通过后，方可使用该飞机进行作业。

任务设备检查：外出飞行任务设备必须进行检验，查看可见光相机、光电吊舱、红外相机、激光雷达设备及相关设备能正常运用作业，有无结构损伤以及相应配件的缺失，清查时间在作业时间前 3～5 天。

知识点 16　航线规划

根据输电线路巡检作业标准，结合自动驾驶相关技术规范制定了自动驾驶巡检航线设计标准，航线设计具体标准如下。

1. 塔内航线设计

塔内航线航点主要包括下列类型。

（1）入塔点。

进入杆塔的航点，默认在杆塔上方 10 m 位置，如果进入杆塔的飞行通道中有障碍物，需要根据障碍物高度提高入塔点高度。

（2）中心校验点。

杆塔正上方 10 m 处，飞机朝向垂直于横担方向，镜头 90°垂直向下拍摄，用于校验飞机 RTK 定位位置是否准确。如果两塔中间没有交叉跨越或障碍物，不需要抬高航线高度，则入塔点就是中心校验点。

（3）拍照点。

对杆塔的主要部件进行拍摄。验证航线一般距杆塔设备 6 m，实际作业距杆塔设备 3~5 m，根据拍摄杆塔的电压等级和拍摄目标大小而定，保证拍摄目标长度或宽度占取景框的 60%以上，为了避免阳光的影响，拍摄角度应斜向下 30°对准拍摄目标。

（4）出塔点。

出塔点是飞机巡检完杆塔后退出杆塔的点，默认位置在最后一个拍照点向上，距离杆塔高度 10 m 处，如果到下一个航点的飞行通道中有障碍物，需要根据障碍物高度，提高出塔点高度。

（5）辅助点。

在塔内航线，如果在两个拍照点间直线飞行危险性比较大，甚至导致碰撞杆塔时，就需要增加辅助点，辅助点需要根据实际情况酌情添加。

2. 塔间航线设计

塔间航线默认按照两塔上方 10 m 位置直线飞行，中途每隔 50 m 进行拍照，相机角度斜向下 23°，如果飞行通道内有交叉跨越和障碍物情况，需要根据障碍物高度提高飞行高度跨越飞行。

（1）起飞点至起始杆塔航线设计。

起飞点到起始杆塔的高度需要根据现场实际情况进行设定，原则是跨越飞行通道内的障碍物。

（2）终点塔至降落点航线设计。

终点塔至降落点的高度需要根据现场实际情况进行设定，原则是跨越飞行通道内的障碍物。

3. 航线三维查看审核

航线设计好后需要对航线进行三维审核预览，包括整个线路通道的完整航线和每一基塔的塔内航线，保证每一个拍照点符合安全和高效的原则。

知识点 17　现场巡检工作

1. 起降点选取

无人机自动驾驶作业需要合适的起降点，保证无人机的作业安全和作业效率。起降点需要选择开阔地带，地面平整，半径 10 m 内没有遮挡物，保证遥控器和作业目标之间没有任何遮挡物。如果作业环境不理想，需要更换场地。

2. 地面基站布设

无人机自动驾驶精细化巡检需要使用搭载 RTK 精准定位的无人机进行作业。作业前需要架设地面基站，保证无人机可以接收精确的坐标信息，地面站架设周围没有高过基站的遮挡物，保证基站可以接收到稳定的卫星信号。基站架设好后需要对基站坐标进行校验，对不准确的基站坐标需要进行纠正。

3. 巡检飞行

安装好作业设备，检查设备状态，一切正常后可以开启起飞作业，起飞前需要通过平板查看作业线路、航线信息，明确安全提示。

每一条线路的首次飞行需要验证航线的准确性，通过观察图传上飞机的实际位置与航线设计中飞机的位置进行对比，得知航线是否有偏差。如果偏差较大应立即终止任务，调整航线后再次展开作业。作业中需要实时关注飞机状态，发现异常应立即终止任务，手动返航。如果飞行过程中信号卡顿严重，应适当调整遥控器和天线的高度、位置和朝向，如果问题得不到解决，应立即终止任务。

飞行作业宜配置两人，观察员与操控员。观察员负责观察飞机状况，操控员负责遥控操作，通过图传监视飞机任务执行情况。如果飞机的飞行位置和高度与设计的位置和高度出现影响安全作业的较大偏差，应立即终止任务、实际飞行中如果 RTK 信号连续丢失，应该立即终止任务。

对 500 kV 及以下电压等级的交、直流单回或同塔双回输电线路，在无人机传感器视场能够覆盖巡检目标且目标间无明显遮挡时，宜采取单侧巡检方式。同时对较陡山坡线路区段采取单侧巡检方式，无人机处于远离山坡侧。

对 500 kV 及以下电压等级的交、直流同塔四回及以上输电线路，以及 500 kV 以上电压等级的交、直流输电线路，在无人机传感器视场无法覆盖巡检目标或目标间有明显遮挡无法区分时，应采取双侧巡检方式。

巡检时无人机以较低的速度起飞并接近杆塔，与杆塔之间保持适当的安全距离进行匀速飞行，针对故障多发区及疑似故障点可在杆塔附近悬停拍摄，使信号传感器在稳定状态下进行数据采集，确保数据的有效性与完整性。中型、大型无人机杆塔巡检高度宜与线路地线横担等高或稍高，当下端部件视角不佳不能看清时，可适当下降高度。手动操作飞行时，中型、大型无人机外缘与杆塔及线路边导线巡检侧外缘水平距离分别不小于 15 m、20 m。自动飞行时，各水平距离比手动操作飞行时相应增大 10 m。中型、大型无人机在每基杆塔处低速或悬停巡检时间依照无人机具体性能参数及所携带传感器数据采集时间决定。小型无人机可根据实际需求调整悬停姿态及时间，无人机外缘与待巡检设备、部件的水平距离一般不宜小于 10 m，可根据无人机性能、线路电压等级和巡检经验调整。同时禁止无人机在导线之间穿行。

4. 质量检查

作业完成后应在现场对作业质量进行检查，看有无拍漏，拍错的照片，或质量不佳的照片，如果存在不满足作业要求的照片需要重新执行任务。

知识点 18　数据传输

数据传输无人机在线路巡检过程中，无人机搭载的摄像头对巡检对象进行实时飞行画面拍摄，通过无线视频图像传输模块将拍摄的画面传输到地面监控系统。地面技术人员通过视频可以了解无人机当前位置与待检测目标大概距离、无人机安全问题等。当无人机达到指定巡检地点后，通过地面指令，控制无人机悬停并切换相机工作模式，对预定检测区域进行拍摄。无人机拍摄的影视资料会自动保存在相机相应的存储区，同时通过无线视频图像传输模块，将拍摄的图像传输到地面监控系统，便于技术人员进行后续分析。

知识点 19　数据处理与总结分析

1. 图像处理

目前对于无人机拍摄得到的图像处理主要包括：首先对其进行人工浏览，对明显的故障点进行识别并做好故障点登记；其次对于其中可能存在故障的图片，进行仔细的图像识别处理，认真核查是否存在故障点，必要时对个别无法识别的故障点进行二次实地勘测。随着影像匹配技术、自动空中三角测量技术和海量影像数据处理技术的日趋成熟，处理无人机低空影像数据的软件日趋增多，现阶段已基本上具备了对无人机所拍摄的影像数据进行自动化处理的技术条件。

2. 总结分析

电网数据安全需要得到很好的保障，作业完成后应妥善回收并收纳好相机内存卡，防止内存卡丢失，严禁把内存卡交给作业人员以外的无关人员。回来后应及时对数据进行归档分类处理，确认归档完成后应及时清理相机内存卡里的数据，方便下次使用，避免数据混乱。进行数据处理的计算机必须安全可靠，按照规定安装防病毒软件。数据操作人员必须遵守公司保密协议及相关操作规定，严防数据泄露。为了避免数据丢失，应定期对数据进行查看和备份。

作业完成后应根据作业数据进行作业质量评价，使用专业软件分析照片中拍摄目标在图像中的占比是否达到要求、图像是否清晰、是否存在过曝或虚焦的情况。对同一目标的历史照片进行横向对比，得到照片差异，分析拍照精度，综合评价结论便于后期不断优化飞行航线和拍照策略。

【任务测评】

请简述无人机架空输电线路巡检作业的完整流程。

【扩展阅读】

"河汉纵且横，北斗横复直"。自古以来，北斗如天河中的一座灯塔，指引着人们辨明方向，吸引着人们去探索浩瀚宇宙的奥秘。

如今，在浩瀚星空之中，几十颗中国"星星"闪烁，将"光芒"洒向广袤大地。经过20余年努力，中国北斗卫星导航系统已经提供全球服务，并发射了45颗卫星，在天疆部署了"大棋局"，特别是北斗三号卫星以一年19星的佳绩在太空中刷新了"中国速度"。

自主创新：牢牢握住"北斗柄"

卫星导航系统是国家安全和经济社会发展不可或缺的信息基础设施，是大国地位和综合国力的重要标志。在我国开始规划北斗蓝图时，欧美等国家就已经完成了全球系统布局。但是，以我国当时的国情，不能再走欧美国家的老路，必须另辟蹊径，走一条多元融合发展的新路。

北斗的"勺柄"是指明方向的关键。为了牢牢握住"北斗柄"，北斗团队从无到有，白手起家。在建设北斗一号系统时，国外对我国实施了技术封锁，国内的部件厂家也尚未成熟。据范本尧院士回忆，国产化是从北斗一号太阳帆板做起的，"当时很多卫星都不敢上，北斗第一个'吃螃蟹'，硬着头皮上"。

之后的国产化攻关更为艰苦，不论是东方红三号平台横空出世，还是影响长寿命的三大关键部件，凭借自力更生的创业精神，以李祖洪、范本尧等为代表的老一辈北斗人攻坚克难，于2000年建成了北斗一号系统，使我国成为继美、俄之后第三个拥有自主卫星导航系统的国家。"'巨人'对我们实施技术封锁，不让我们站在肩膀上。唯一的办法，就是自己成为巨人。"北斗卫星导航系统高级顾问李祖洪说。

北斗二号的研制在国产化道路上又迈出了一大步。为实现快速形成区域导航服务能力的国家战略，以谢军、杨慧等为代表的北斗人设计了国际上首个以GEO/IGSO卫星为主、有源与无源导航多功能服务相融合的卫星方案，攻克了以导航卫星总体技术、高精度星载原子钟等为代表的多项关键技术，打破了国外的技术封锁，建成了国际上首个混合星座区域卫星导航系统。2012年12月底，北斗二号系统开通服务，服务区域覆盖亚太。

北斗三号实现了从并跑到领跑的征程。中国航天科技集团有限公司五院卫星团队率先提出国际上首个高中轨道星间链路混合型新体制，形成了具有自主知识产权的星间链路网络协议、自主定轨、时间同步等系统方案，填补了国内空白；建立了器部件国产化从研制、验证到应用的一体化体系，彻底打破了核心器部件长期依赖进口、受制于人的局面。

始终选择自力更生、不断创新的道路，不仅需要志气，更需要勇气和骨气。在很多时候，北斗人要承担推迟进度、质量风险等压力，团队也付出了艰辛的努力。为了排除新技术和国产设备造成的隐患,他们会花费超过一般卫星3倍多的时间反复验证、测试、迭代，甚至会主动帮助生产厂家改进技术和管理流程，毫无保留地传授经验。即便是在最艰难的时候，我们也从未动摇过国产化的信心和决心，因为要打造世界一流工程、实现航天强国梦，核心技术绝对不能受制于人！

在太空中失联后又找回的"调皮孩子"、半夜来自卫星厂房的电话……每一个新的难题，都见证了北斗系统和团队的成长。在北斗团队共同努力下，北斗三号所有部件和核心器件达到100%国产化，核心技术完全自主可控。北斗基础产品已实现历史性跨越，国产北斗芯片实现规模化应用，总体性能达到甚至优于国际同类产品。

任务 10　无人机架空输电线路巡检作业安全及注意事项

【情景创建】

由于无人机电力巡检作业环境复杂，杆塔周边常有植物，地形多变，且飞行时需要靠近杆塔近距离拍摄，为保障无人机和线路的安全，驾驶员操作时，配备一名监护人，从大视角观察无人机电力巡检状态。同时，由于操作环境多变，经常在车道旁、边坡上、密草丛中，监护人能及时发现驾驶员所处环境的危险点，从而可以保障驾驶员人身安全。

【任务实施】

随着无人机电力巡检的应用越来越广，加强管理、构建飞行安全网显得尤为重要。需要规范无人机架空输电线路巡检作业安全，并按照行业相关规定，严格管理无人机飞行。

知识点 20　一般要求

无人机架空输电线路巡检作业一般要求如下。

1. 气象及环境要求

（1）无人机巡检气象及环境要求：适用于 1 000～3 500 m 高海拔地区架空输电线路的无人机巡检系统。

（2）作业区域内无强干扰源，如雷达等。

（3）作业应在良好天气下进行，根据作业机型抗风能力和气象数据决定是否开展作业，风速不宜大于 10 m/s。

（4）在作业过程中遇到雷、雨、雪大嫖大风等恶劣天气应及时终止作业。

（5）作业前应核实被巡线路沿线有无影响飞行安全的因素，并采取停飞或避让等应对措施；多旋翼无人机视距内飞行，无人机处于驾驶员或观测负目视视距内半径 500 m 的相对高度低于 120 m 的区域。

2. 空域要求

获得空域申请批复和空管批准。

知识点 21　保障安全的技术措施

1. 人员要求

操作人员应具有 1 年及以上输电线路运行维护工作经验，应持有航空管理部门颁发的相应无人机驾驶证,并熟悉航空、气象、地理等必要知识,掌握《架空输电线路运行规程》(DL/T 741—2019)有关专业知识,并熟悉《电力安全工作规程电力线路部分》(GB 26859—2011)的相关规定。

2. 现场及飞行要求

作业现场应远离爆破、射击、烟雾、火焰、机场、人群密集、高大建筑、军事管辖、无线电干扰等可能影响无人机飞行的区域。无人机起、降点宜选择作业线路附近的空旷地方,确保与周围环境保持足够的安全距离,必要时可设置安全警示区。

3. 气象要求

作业宜在良好天气下进行。雾、雪、大雨、大风、冰雹等恶劣天气不宜开展无人机巡检作业。必要时,作业人员应根据无人机的性能及气象情况作风险评估,判定是否开展作业。

4. 通信要求

无人机与地面控制设备之间通过无线射频信号进行数据传输,所以必须保障地面控制设备与无人机之间通信良好。起飞前检查通信链路状态,是否存在信号干扰,若通信受干扰,宜采用其他合法无线电通信频段进行数据传输。若使用网络 RTK,则需检查地面控制设备与 RTK 连接网络的情况,保证网络信号正常稳定方可飞行作业。

知识点 22　作业安全注意事项

输电线路通道扫描建模工程实施人员严格遵守国家电网、民航、空管以及军方的各项规定,在管制、通讯、气象等方面服从指挥。

为保证工程质量,严格按照给定区域的勘测线路进行航飞作业;在作业过程中严格遵守输电线路运行规程中对线路安全距离的严格规定。

严格遵守《民航法规》《通用航空管理规定》及航空公司《运行手册》等相关法律法规。

1. 多旋翼无人机巡检

(1)悬停巡检时,应顶风悬停。
(2)若对无人机姿态进行调整时,巡检人员要注意线路周围的障碍物。
(3)巡检作业时,必须始终能看到作业线路,并清楚线路的走向;若看不清架空输电线路,应立即上升高度,退出后重新进入。
(4)作业时应按照微型无人机进行管理,作业时应保持直接目视视觉接触的操作方式,不应超视距作业。

2. 固定翼无人机巡检

(1)当无人机飞行作业时,参照具体机型抗风能力,尽量在天气晴朗、风速处于无人机设计抗风能力范围的情况下飞行。

（2）若无人机伞降回收，要选择比较大、比较开阔的降落场地。

（3）巡检作业时，要清楚线路的走向、高差以及周围环境，根据线路高差划定航线，飞机在山后飞行应考虑通信的影响。

3. 无人直升机巡检

（1）巡检作业时，无人直升机须位于被巡线路的外侧，严禁无人直升机在线路正上方飞行。

（2）若被巡线路地处狭长地带或大落差等特殊地形时，应根据无人直升机性能及气象情况合理规划航线，确保无人直升机安全。

（3）制定巡检作业航线时，严禁无人直升机跨线飞行，严禁无人直升机在变电站（所）、电厂上空穿越。

【任务测评】

在外场进行无人机架空输电线路巡检作业时会遇到的问题，你会怎样解决它？

【扩展阅读】

与别的卫星不同，北斗对于系统的连续、稳定、完好、可用要求极高，一个产品的好坏直接影响着十几颗卫星的成败，牵一发而动全身。因此，"零缺憾"是北斗人执著的追求目标，质量更是他们精心呵护的"眼珠子"。

在北斗三号首组卫星研制过程中，出现过蓄电池电压微小误差的小插曲。工作人员发现，蓄电池某个单体电池与其他电池相比有微小差异，每10天就有一毫伏的增加。按照设计，电压差增加到一定限额，蓄电池就会自动调整，不会影响运行。"不能带着任何疑点上天！"工作人员不打算放过这个隐患，下定决心换！就这样，他们重新打开太阳翼，卸下舱板，换下有隐患的蓄电池组，加班加点，依然按照原计划完成了全部工作，让卫星又多了一份安全保障。

年轻的北斗人也继承了严谨细致的工作作风。在第9颗北斗三号卫星某关键单机测试中，总体主任设计师刘家兴发现了一个关键指标超标。超了多少呢？小于一纳秒。也就是说，小于十亿分之一秒，短到用"瞬间"都难以形容。

问题摆在那里，如果不查个水落石出，刘家兴过不了自己心里的那道关。可是，进一步排查无疑会增加很多工作量，而且不一定能查出结果。关键时刻，他想起北斗前辈们的话：航天工程牵一发而动全身，对分析出的问题不能隐瞒，要勇敢面对。最终，刘家兴坦诚地与设计师们交底，赢得了大家的支持。他们深深地扎下去，同甘共苦，相互扶助，最终发现了产品设计上的深层次质量问题。就是这种把工作看作神圣的事业，用匠心打造精品的作风，创造出中国北斗一个又一个奇迹。

模块 4　无人机航拍作业

任务 11　无人机航拍作业系统

【情景创建】

航拍是摄影的一个重要分支，过去需要摄影师乘坐飞机、热气球、滑翔伞等设施在高空亲自拍摄，不仅门槛高，还具有相当高的危险性。近些年来，随着技术的成熟，以深圳大疆为代表的小型无人机航拍设备迅速发展，无人机航拍的热度陡然升高。无人机航拍可以拍摄动态视频，也可以用于静态摄影。

【任务实施】

无人机应用于航拍的作业系统是由哪些部分组成的呢？无人机航拍系统又有哪些种类？

知识点 23　无人机航拍作业系统组成

无人机航拍其实是由独立的两个系统组成：一个是无人机，另一个是带自稳防抖功能的云台相机。单纯从摄影的角度，无人机的作用就是把相机送到合适的空中位置，好比人携带相机登到高山高楼上。相比于视频拍摄，摄影对无人机的飞行操控要求较低，飞行的过程并不重要，重要的是无人机到达空中的飞行目的地后对云台相机的操作。

无人机是通过无线电遥控设备或机载计算机程控系统进行操控的不载人飞行器。无人机结构简单、使用成本低，不但能完成有人驾驶飞机执行的任务，更适用于有人飞机不宜执行的任务；在突发事情应急、预警有很大的作用；质量轻，结构强度高，维护方便及硬件兼容性强；采用进口航空木料设计制作，减轻机体重量的同时，提升载重能力和续航时间；机翼与水平尾翼采用分体式结构，方便运输，安装快捷；可采用滑跑及弹射起飞，降落方式采用滑降或伞降回收，满足不同场地，不同作业环境的起飞和回收要求；相比于其他机型，具备成本低，维修方便等优势，可以搭载高分辨率航片采集设备，实时监控传输设备，以及其他特殊采集设备，在航空摄影测量、海洋及海岛监测、国土监管、森林安全防火、河流洪涝灾害预防、大气质量检测、人工降雨等方面得到了大量应用和认可。

云台是安装、固定手机、相机、摄像机的支撑设备,它分为固定和电动云台两种。固定云台适用于监视范围不大的情况,在固定云台上安装好摄像机后可调整摄像机的水平和俯仰的角度,达到最好的工作姿态后只要锁定调整机构就可以了。电动云台适用于对大范围进行扫描监视,它可以扩大摄像机的监视范围。电动云台高速姿态是由两台执行电动机来实现,电动机接受来自控制器的信号精确地运行定位。在控制信号的作用下,云台上的摄像机既可自动扫描监视区域,也可在监控中心值班人员的操纵下跟踪监视对象。

知识点 24 无人机航拍作业系统分类

无人机是无人驾驶飞机的简称("UAV"),是利用无线电遥控设备和自备的程序控制装置操纵的不载人飞行机,按种类分包括无人直升机、固定翼机、多旋翼飞行器、无人飞艇、无人伞翼机。广义地看还包括临近空间飞行器(20~100 km 空域),如平流层飞艇、高空气球、太阳能无人机等。从某种角度来看,无人机可以在无人驾驶的条件下完成复杂空中飞行任务和各种负载任务,可以被看作是"空中机器人"。无人机实际上是无人驾驶飞行器的统称。

(1)固定翼无人机(见图 4-1)。

图 4-1 固定翼无人机

(2)无人直升机(见图 4-2)。

图 4-2 无人直升机

（3）多旋翼无人机（见图4-3）。

图4-3　多旋翼无人机

（4）无人飞艇（见图4-4）。

图4-4　无人飞艇

（5）伞翼无人机（见图4-5）。

图4-5　伞翼无人机

（6）扑翼无人机（见图4-6）。

图 4-6　扑翼无人机

（7）太阳能无人机（见图 4-7）。

图 4-7　太阳能无人机

【任务测评】

简述无人机多余航拍作业系统的组成与分类。

【扩展阅读】

2014 年 6 月的一天，上午 11 时左右，青海省天峻县大雨伴着狂风突然而至。此时该区域 600 米左右的上空，中国科学院成都山地灾害与环境研究所一架无人机正在执行航拍任务，科研人员攥紧了拳头盯着地面的飞行控制器，当即决定中断航拍，紧急迫降。

"幸好数据没受影响，有惊无险。"团队成员刘斌涛长长地舒了一口气。他告诉记者，这次航拍数据将要应用于青海省土壤侵蚀强度评价与制图成果的验证，以及进一步开发基于无人机低空遥感的大比例尺土壤侵蚀调查技术，形成小流域、村域及生产建设项目区等小区域 1∶1000 比例尺的土壤侵蚀精细调查、评价、监测等成套技术体系。去青海前，团队就对考察线路、航拍区域概况等做了详细的规划，还根据不同地形环境设计了飞行航线，航拍高度介于 600～1 000 m 之间，采用车载起飞、伞降、滑降等起落方式。

到了野外现场，团队还走访了当地居民，以便更加全面地了解测区情况，局部调整航线，寻找合适无人机起飞、降落的场地。由于当地居民对所居住地的地形地貌、土地利用、水土流失等情况比较了解，为航拍团队提供了很多信息，这为团队顺利开展工作提供了很多便利条件。

尽管有充足的思想准备及以往在西藏、青海、内蒙古等地的拍摄经验，团队在地形复杂的高原下作业还是遭遇了很多挑战，最大的一项挑战就是缺氧。"人缺氧还能慢慢克服，飞机缺氧就会影响拍摄。"刘斌涛说的可不是一句玩笑话，在缺氧条件下，发动机燃烧不充分，会直接影响飞机动力，飞机跑不动就没法完成航拍。一次，团队去往民和县拍摄，到达测区时发现飞机预定起降场在一条羊肠小道上，两侧全是树，无法实现飞机的起飞和降落。于是，他们重新在测区外找了一个相对平坦的道路，然后将飞机架在汽车上，开动汽车油门，以每小时 80 千米的速度助推飞机起飞。

一般情况下，飞机降落会在预先设计的 10～30 m 的范围内。6 月 5 日下午的拍摄，由于刮起大风，飞机降落时被打开的降落伞吹出去了 300 多米远，害得团队成员跟着降落伞一路狂奔才捡到了飞机。

令刘斌涛印象深刻的一次拍摄是在黄河边上的贵德县。当时，飞机飞到半空中，飞行控制器上显示发动机出现故障，技术人员立马采取补救措施，通过自动驾驶安全降落，相机拍摄的照片没有受到任何影响。取得显著成果 在八天的航拍任务中，团队行驶了 3 000 余公里，顺利完成了青海省民和、贵德、贵南、天峻四个典型水土流失区的航摄任务，成功获取了近 150 平方公里的航拍影像，地面分辨率高达 18 厘米。

据刘斌涛介绍，四个测区从农区到牧区，涵盖了水力侵蚀、风力侵蚀、冻融侵蚀和重力侵蚀等多种土壤侵蚀类型，各具特色。团队对这些区域的土壤侵蚀、泥石流现象进行了全面的数据评估，还在贵德县建立了丹霞国家地质公园高精度三维景观。

据悉，8 月份，团队将对青海省几十个小流域进行野外调查，并结合当地水土保持监测数据以及前人研究成果，用一年的时间对青海省土壤侵蚀强度与制图成果进行验证，这些数据将服务于青海省水土保持规划、治理和生态文明建设等工作。

任务 12　无人机航拍标准化作业

【情景创建】

航拍无人机是民用消费级无人机中非常流行的应用领域，国内主流的无人机厂商中，其中有 42.8% 是从事专业航拍的无人机厂商。在"互联网+"的热潮中，通过搭载高清摄像头，小型无人机可以在高空拍摄/录制影视素材，包括极限运动航拍作品、风景航拍作品以及商业宣传片等，无人机航拍在社区视频平台中愈加受欢迎。航拍无人机市场规模日渐增长。

【任务实施】

无人机出现在我们身边的各行各业，那么无人机航拍的标准流程是什么？在航拍过程中应该注意哪些事项？

知识点 25 无人机航拍作业流程

无人机凭借快速高效，机动灵活以及成本低等优势，已经开始渐渐改变以往传统工程测绘的作业方式。可以这样说，无人机已成为工程测绘中的"新宠"，它是将倾斜摄影技术应用到了无人机上，相当于做一个三维模型，所以最后得到的东西就变得更加真实，更加直观，更加贴合实际。无人机航拍的业务流程如下：

（1）区域确定，需要知道航拍区域矩形四角的坐标。
（2）现场勘察，包括了飞行空域，起降场地等问题。
（3）航线规划，包括了作业高度以及飞行的数量。
（4）任务的设定，包括了数码影像、胶片、监控等。
（5）签约合同，包括了作业预定，预付款，以及制定验收标准。
（6）执行飞行作业。
（7）确认无人机拍摄的效果，包括了质量以及熟练等。
（8）后期的制作，根据客户需要进行拼图，剪辑，配音，输出等。

知识点 26 无人机航拍注意事项

1. 天气

在高空航拍，镜头离对焦点大多有几百米的距离，首先空气的洁净度或者说能见度极为重要，尤其是近年比较关注的 PM2.5，是航拍片能否出彩的一个重要参考指标，拍摄雾霾等题材除外。其次，高空视角，地面和水面的反光强烈，一般来说，选择多云或高亮度的阴天拍摄是比较合适的，而晴天一般不是航拍尤其是俯拍的好天气。另外，要尽量避免风大的天气，虽然云台具有自稳定防抖功能，但是风速过大会引起无人机剧烈漂移，影响拍摄。低温天气也会对电池性能产生很大影响，要有预加温和保温措施。

2. 地点

无人机航拍的最大优点之一是灵活机动，在高空中很方便变换位置和视角，因此拍一个目标场景不一定需要在目标位置起飞，要寻找人少、空旷、起飞点上空无树枝电线等阻碍物，飞行目的地尽量处于拍摄者视距之内的场地。无人机从地面垂直上升到 60～70 m 以上，除了特高楼、大型烟囱、高压塔等，一般地面建筑物已经不会成为飞行的障碍，这时可以将云台相机角度调为水平，然后 360°环视一圈，以确定四周无障碍物，然后再往高空目的地飞行。城市拍摄在高楼楼顶起飞为佳。在满足上述起飞点要求情况下，尽量选择靠近拍摄目标的地点，同时考虑符合拍摄意图的光线方向，原则是以最短的时间飞行到达目的范围。尤其要注意的是，绝对不能在机场、军事区和其他所有明令禁飞的特殊地区起飞。

3. 曝光模式

无人机相机的操作原理与地面拍摄并无大的区别，只是所有拍摄参数、对焦和快门按钮是在遥控器和显示屏上进行，通过无线信道传输给飞行器，由于信号传输干扰存在，会有一定的滞后时间，在拍摄时尤其是拍摄动态场景时要有预估时间。测光模式无论采用评价测光还是中央重点测光，都设置 3 张补偿为 0.7EV 的自动包围曝光，高空航拍拍摄范围广，明亮反差相对也大，无论是相机自动测光还是拍摄者估算后采用手动模式都容易局部过曝，设成包围曝光后，能有效防止出现死白，暗部细节在航拍中一般不容易出现死黑，可通过后期提亮。

4. 构图

构图是一幅摄影作品是否成功的关键因素之一，高空拍摄尤其是云台低角度俯拍，拍摄范围广，入镜元素众多，构图上更需要根据拍摄主体和主题突出重点、做好减法，否则很容易会成为一幅卫星地形图。无人机航拍镜头大多是定焦，因此要通过熟练操纵无人机的上升下降左转右转前进后退左移右移、云台相机的水平 360°旋转和俯仰角度等 10 个动作的协调配合来调整构图。航拍的拍摄目标往往处于上百米以至几百米开外，趋向于二维平面，层次感相对较难体现，因此有条件的要尽量利用云彩、山体、高楼等以营造层次感。高空视角，地面的色彩、线条很可能会构成精彩图案，地面视角下的寻常目标俯视往往会出现意想不到的视觉效果，拍摄过程中要注意寻找这类趣味点。

5. 后期

高空俯视航拍片往往比较平面化，对比度较小，光比较大，主体相对难以突出，因此后期建议重点增强对比度，降低高光部分，拉亮阴影部分，通过色温、色彩、明暗、锐化等方法突出主体。高空远距离拍摄色彩相对比较平淡，后期要增强色彩饱和度和色彩的对比。由于拍摄范围广阔，一张图里的各个部分光线条件往往会有很大的不同，同样的颜色会呈现不同的饱和度，若统一增加饱和度会引起某些部位的色彩饱和度溢出，因此要根据图面情况对各个区域的色彩分别选区调整，做到整张图一致、平衡。锐化方法很多，对航拍照，比如对明度通道采用二次 USM 锐化的方法，第一次锐化设置较低的数量（10%~30%）和较高的半径（5~15），以避免边缘太明显线条太刚硬，然后针对主体再进行第二次精细锐化，提高数量至 80%~150%，降低半径至 1，再提高阈值至 3~5。

6. 高度技巧

高空广角俯拍只是无人机航拍的一个方面，低高度拍摄也是无人机摄影应用的一个重要方面。很多时候，我们在地面拍摄的时候，受制于客观环境条件，找不到一个高点，或者要费力攀登到一个高点，才能拍摄到满意角度的作品，而现在利用无人机就能轻而易举地做到，在很多场合因角度出奇可以弥补与单反相机的差距。另外，虽然航拍相机不能像地面单反相机一样拥有完善的滤镜系统，但航拍相机去掉配重圈，视应用场合可以搭配上一片圆形减光镜或渐变镜。

7. 夜景

高空拍摄夜景，俯拍宜选择光亮面朝上的景观，例如有灯饰的立交桥，效果震撼，而高楼大厦因楼顶多无光，宜低高度高仰角侧拍。夜景拍摄曝光时间较长，要选择无风微风能见度好的夜晚，若风大悬停拍摄时无人机会漂移，严重影响拍摄的清晰度。目前小型无人机的航拍相机快门时间具有局限性，快门时间有限，因此长曝光夜景难以实现，但若在有限的长曝光时间内，采用无人机上下左右甚至转向位移的方法，可能拍摄出精彩奇幻效果。

【任务测评】

简述无人机航拍作业的完整流程。

【扩展阅读】

厦门市 2021 年 119 消防宣传月主题活动启动仪式暨厦门市消防行业职业技能竞赛开幕式 9 日拉开序幕。

厦门市市委常委、常务副市长李辉跃和相关部门领导、厦门市消防工作联席会成员单位代表、共建单位代表、消防志愿者代表、市民代表等参加仪式，共同观看厦门消防职业技能汇报表演，各区政府领导为消防志愿者队伍授旗。

在消防职业技能汇报表演环节，消防指战员拿出"绝活"，进行搜救犬搜救、四百米物资疏散、挂钩梯、绳索救援、攻坚技巧及双轮异向切割锯切鸡蛋、滑绳自救及走墙壁、横渡救援 7 个科目业务技能表演，展示消防救援队伍改革转隶三周年丰硕成果。与消防指战员一起亮相表演的，还有一群"无言的战友"，它们是在很多灾难现场有着神勇表现的搜救犬。

消防通信员，作为通信"侦察兵"，也在现场展示了使用无人机航拍侦查灾害现场情况、精准抛投的"必修课"。仪式期间，南普陀消防义工宣传队及各区的消防志愿者代表接受授旗。在主题宣传活动区，消防装备展示、"小小消防员"儿童绘画展、VR 火灾模拟体验、电动自行车警示、模拟逃生帐篷、滑绳自救等互动体验项目吸引市民群众纷纷参与。

在 119 消防宣传月期间，厦门市各区、各部门、企事业单位将围绕"落实消防责任，防范安全风险"主题，持续在线上、线下开展全市"亮屏行动"、"云上消防"答题、"最美瞬间"摄影作品和"我是小小消防员"绘画作品巡展等形式多样、创意新奇的消防宣传活动。

任务 13　无人机航拍作业安全和应急措施

【情景创建】

案例：一男子在住宅小区楼顶放飞无人机用于自拍，不料，无人机升空后失控飘往成都双流国际机场，对航班起降造成严重安全威胁。经过 67 小时鏖战，省公安厅机场公安局查处了全省首例微型无人机扰乱单位秩序案，抓获违法嫌疑人程某某，并对其处以行政拘留 10 日的处罚。

省公安厅机场公安局接双流机场工作人员报警称，在成都双流国际机场发现一架无人机。接报警后，民警第一时间赶到现场开展调查取证工作，发现该无人机虽未影响机场航班正常运行，但已对航班起降造成严重安全威胁。鉴于事态紧急，民警随即开展案件侦办相关工作，经现场勘查、走访调查等工作，最终抓获违法嫌疑人程某某。

经查，程某某在成都双流国际机场附近的某住宅小区楼顶，放飞其自行购买的微型民用无人机用于自拍，该无人机放飞后失去控制并随风向飘往成都双流国际机场。程某某在净空保护区违规飞行无人机的行为严重影响了成都双流国际机场的正常工作秩序，该行为已构成扰乱单位秩序，依据《治安管理处罚法》第二十三条第一款第（一）项之规定，省公安厅机场公安局给予程某某行政拘留 10 日的处罚。

【任务实施】

无人机航拍安全注意事项有哪些？

知识点 27　法律法规

2015 年底，根据《中华人民共和国民用航空法》《通用航空经营许可管理规定》，民航局组织制定了《使用民用无人驾驶航空器系统开展通用航空经营活动管理暂行办法》（征求意见稿），并于 2016 年 1 月 8 日前公开征求意见，计划于 2016 年 2 月 1 日起实施。

征求意见稿制定了比较严格的准入规定，如使用无人机经营活动，需取得通用航空经营许可；购买或租赁不少于两架的无人机，该无人机应当在中国登记、取得适航证。另外，使用无人机人员，需要有与所使用无人机（7 公斤以下及植保无人机除外）相适应的相应执照或训练合格证。在无人机上设置无线电设备的，应取得民用航空器无线电台执照或相应许可。具体如下：

为规范无人驾驶航空器从事经营性飞行活动，加强市场监管，促进无人驾驶航空器产业安全、有序、健康发展，近日，民航局发布《民用无人驾驶航空器经营性飞行活动管理办法（暂行）》（以下简称《办法》），在《民航法》框架下，规范了无人驾驶航空器从事经营性通用航空飞行活动的准入和监管要求。《办法》将于 2018 年 6 月 1 日起实施。

近年来，无人驾驶航空器产业发展迅速，在个人消费、农林植保、地理测绘、环境监测、电力巡线、影视航拍等领域应用广泛。旺盛的市场需求催生了一批无人驾驶航空器运营企业，无人驾驶航空器作业对部分传统通用航空作业领域的替代作用非常明显。但与此同时，很多无人驾驶航空器运营商反映其在运行过程中遇到无法取证的问题。鉴于此，民航局在充分调研、广泛征求意见的基础上，发布该《办法》，对无人驾驶航空器经营活动进行依法管理。

《办法》共 3 章 20 条，以"坚持放管结合、转变职能；坚持突出重点、分类管理；坚持包容审慎、拓展服务"为基本原则，对无人驾驶航空器经营许可证的申请条件及程序、无人驾驶航空器经营性飞行活动的监督管理方式等做了明确规定，具有适用范围边界清晰、准入条件大幅降低、在线操作简单便捷、管理条款符合情理、时间指标宽松充裕等特点。

根据《办法》，最大空机重量为250克以上（含250克）的无人驾驶航空器开展航空喷洒（撒）、航空摄影、空中拍照、表演飞行等作业类和无人驾驶航空器驾驶员培训类的经营活动适用于本办法，而无人驾驶航空器开展载客类和载货类经营性飞行活动暂不适用。

《办法》明确，民航局对无人驾驶航空器经营许可证实施统一监督管理，民航地区管理局负责实施辖区内的无人驾驶航空器经营许可证颁发及监管管理工作。

《办法》规定，取得无人驾驶航空器经营许可证应当具备四个基本条件：从事经营活动的主体应当为企业法人，法定代表人为中国籍公民；企业应至少拥有一架无人驾驶航空器，且以该企业名称在中国民用航空局"民用无人驾驶航空器实名登记信息系统"中完成实名登记；具有行业主管部门或经其授权机构认可的培训能力（此款仅适用从事培训类经营活动）；投保无人驾驶航空器地面第三人责任险。

《办法》提出，无人驾驶航空器经营许可证申请人应当通过"民用无人驾驶航空器经营许可证管理系统"在线申请无人驾驶航空器经营许可证，并填报企业法人基本信息、无人驾驶航空器实名登记号、无人驾驶航空器驾驶员培训机构认证编号（培训类）、投保地面第三人责任险承诺、企业拟开展的无人驾驶航空器经营项目等信息，并确保申请材料及信息真实、合法、有效。

《办法》还对不予受理无人驾驶航空器经营许可证申请的情况、依法撤销企业经营许可证的情况、依法注销经营许可证的情况等进行了明确。

知识点 28　安全要求

为了使无人机在操作飞行的过程中，安全、高效、稳定地飞行，通过个个细节的把控，做到各项检查指标参数处于正常值或者正常值以上，方可起飞。

1. 飞行前的检查

飞行前调试流程必须做到位，不得忽略调试流程的任何一个细节，在操作无人机飞行前应对无人机的各个部件做相应的检查，无人机的任何一个小问题都有可能导致在飞行过程中出现事故或损坏。因此在飞行前应该做充足的检查，防止意外发生。

（1）外观机械部分：

① 上电前应先检查机械部分相关零部件的外观，检查螺旋桨是否完好，表面是否有污渍和裂纹等（如有损坏应更换新螺旋桨，以防止在飞行中飞机震动太大导致意外）。检查螺旋桨旋向是否正确，安装是否紧固。

② 检查电机安装是否紧固，有无松动等现象（如发现电机安装不紧固应停止飞行，使用相应工具将电机安装固定好）用手转动电机查看电机旋转是否有卡涩现象，电机线圈内部是否干净，电机轴有无明显的弯曲。

③ 检查机架是否牢固，螺丝有无松动现象。

④ 检查飞行器电池安装是否正确，电池电量是否充足。

⑤ 检查飞行器的重心位置是否正确。
（2）电子部分（此项为飞机出厂检查）：
① 检查各个接头是否紧密，插头不焊接部分是否有松动、虚焊、接触不良等现象。
② 检查各电线外皮是否完好，有无刮擦脱皮等现象。
③ 检查电子设备是否安装牢固，应保证电子设备清洁、完整，并做好一些防护（如防水、防尘等）。
④ 检查电子罗盘指向是否和飞行器机头指向一致。
⑤ 检查电池有无破损，鼓包胀气，漏液等现象。
⑥ 检查地面站是否可，地面站屏幕触屏是否良好，各界面操作是否正常。
（3）上电后的检查：
① 上电后，地面站与飞机进行配对，点击地面站设置里的配对前，先插电源负极，点击配对插上正极，地面站显示配对即可。
② 电池接插方法，要注意是串联电路还是并联电路，以免差错，导致电池烧坏或者飞控烧坏。
③ 配对成功以后，先不装桨叶，解锁轻微推动油门，观察各个电机是否旋转正常。
④ 检查电调指示音是否正确 LED 指示灯闪烁是否正常。
⑤ 检查各电子设备有无异常情况（如异常震动，异常声音，异常发热等）。
⑥ 确保电机运转正常后，可进行磁罗盘的校准，点击地面站上的磁罗盘校准，校准方法见飞机使用教程。
⑦ 打开地面站，检查手柄设置是否为美国手，检查超声波是否禁用，飞机的参数设置是否符合要求。
⑧ 调试完成后，将喷杆安装在飞机左右两侧，插紧导管，通电测试喷洒系统是否运转正常。
⑨ 测试飞行，以及航线的试飞，观察飞机在走航线的过程中是否需要对规划好的航线进行修改。
⑩ 试飞过程中，务必提前观察飞机运行灯的状态，以及地面站所显示的 GPS 星数，及时做出预判。
⑪ 飞行的遥控距离为飞机左右两侧六到七米，避免站在飞机机尾的正后方。
⑫ 飞机断电加水加药，通电测试喷头是否出水出药。
⑬ 完成以后，根据当天天气情况和风速，通电让 GPS 适应当前气象情况，以便飞机在作业时适应天气完美飞行。
⑭ 起飞前必须确定 GPS 星数达到 17 或 17 颗以上，以及周边情况后，方可起飞作业。

2. 飞行过程中检查

（1）飞手必须时刻关注飞行器的姿态、飞行时间、飞行器位置等重要信息。
（2）远距离飞行时，通过对讲机要求安全员实时汇报，飞机的实时状态。
（3）演示作业如有客户或围观群众，必须要求他们距离飞机达 10~15 米，不得靠近，如有靠近，飞机不得起飞，保证安全。
（4）必须确保飞行器有足够的电量能够安全返航。

（5）若进行超视距飞行，必须密切监视地面站中显示的飞行器姿态、高度、速度、电池电压、GPS 卫星数量等重要信息。

（6）起飞后，必须一直关注飞机的，飞行状态，实时掌握飞机的飞行数据，确保飞行时飞行各项数据指标完好。

（7）若飞行器发生较大故障不可避免发生坠机可能时，要首先必须确保人员安全。

3. 飞行降落后检查

（1）飞行器飞行结束降落后，必须确保遥控器已加锁，然后切断飞机电源。

（2）飞行完后检查电池电量，飞行器外观检查，机载设备检查。

（3）演示作业完成后整理设备。

4. 电池维护注意事项

（1）锂电池长期不使用时应将电池进行放电处理。

（2）锂电池的满电电压不能超过 4.2 V，过度的充电有可能导致电池鼓包甚至会有爆炸的危险。

（3）锂电池充电时必须注意充电电流不能太大，不应超过电池规定的充电电流。

5. 飞机维护注意事项

（1）每隔两周对飞机进行一次大维保。

（2）飞行任务完成后，必须立即清理飞机表面以及桨叶表面的残留和灰尘，防止飞机各金属连接处被农药腐蚀老化，影响飞机的飞行安全。

（3）飞行任务完成后，必须及时用清水清理药箱和喷头，防止农药残留腐蚀老化药箱和喷头。

（4）飞机大保养期间，为了保证飞机的飞行质量和飞行安全，必须及时更换飞机易损零件，提高飞机寿命。

6. 特别注意事项

（1）调试飞行器时，必须确保螺旋桨未安装于电机上（禁止螺旋桨安装于电机上时进行调试飞行器操作，否则有可能发生意外事故）。

（2）严禁近身起飞，飞行器起飞必须保持距离 5 米以上。

（3）严禁地面突然急推油门起飞，避免飞行器姿态出错不可控撞向人群。

（4）严禁非测试飞手外其他人员擅动遥控器，避免误操作导致意外发生。

（5）严禁任何情况下手接降落飞行器。

（6）严禁飞行器降落后，桨未停转或未自锁拿起飞行器，务必保证飞行器自锁后再行移动。

（7）注意航拍过程中，切勿侵犯他人隐私权、肖像权等。

【任务测评】

根据课程内容要求，将同学们根据人数分成若干组，进行标准的无人机航拍作业，

其中包括:
(1)无人机航拍作业系统的组成。
(2)无人机航拍作业系统的分类。
(3)阐述无人机起飞安全要求。
(4)模拟无人机航拍标准作业流程。

【扩展阅读】

飞机的起飞、降落阶段被称为黑色10分钟,也就是起飞阶段的3分钟和降落阶段的7分钟。根据调研,80%的飞机事故都出现在这黑色10分钟里,所以这段时间的安全是整个飞行过程中最重要的环节。那么,无人机是否会对航班起飞造成影响呢,无人机对航班起飞造成哪些影响呢?

飞机在起飞、降落阶段时,飞机上的飞行控制系统、自动导航系统、自动驱动系统、起落装置以及通信设备,很多都有可能受到其他无线信号的干扰,造成系统判断错误酿成大祸。这也就是为什么在起飞、降落阶段时,我们会被强制要求关闭手机、电脑等等具有通讯功能的电子设备的主要原因。

飞机在起飞、降落阶段会依赖自动导航系统,而自动导航系统又需要比较纯净的电磁环境,一旦受到干扰很可能会接收到错误的信号,产生错误的应对措施。

比如说被信号干扰造成飞机与塔台通讯链路中断,也许只是干扰和中断极短的时间,也可能造成飞机的轨道偏移。因为飞机本身的飞行速度很快,所以有很大概率会发生撞上塔台或者其他建筑等等事故,后果十分严重。

目前所有的民用无人机都需要用到无线电技术来实现定位、遥控、图像传输等功能。无人机飞的通讯频段也基本是2.4G或者900M、5.8G;而机场所有的通讯频段基本都是固定的,或者规定的被限制保护的频段范围。按理说不会造成冲突,大家意识中感觉不会出现干扰问题,但是谁又能够保证呢?

还有,现在民用无人机(比如大疆的精灵3、精灵4、悟)图片传输都只有默认的8个通道,很多人为了能够避免干扰中断图片传输,会强行破解原有的限制,获得最多32个信道,这样很有可能造成无人机的无线信号与民航的无线信号冲突和相互干扰。如果刚好无人机在机场附近飞行,酿成大祸的可能性就会很高。

当然现在的电子仪器尤其是飞机上的设施都十分精密,而且具有很好的防护性和抗干扰性,假如无人机能够干扰飞机无线信号,那也绝对是概率极小的偶然事件,但是你能说因为概率极小就不采取措施吗。难道冒着危险,检测到无人机在旁边还要照常起飞、降落,万一飞机出现事故,那可是几十到几百条人命的大事情。

所以,看到每次无人机入侵到机场范围内,所有天上航班都会临时备降其他机场,机场内航班都会暂时停运,小小的无人机和飞手的"黑飞"行为,都会造成无数的经济损失。

模块 5　无人机测绘作业

任务 14　无人机测绘作业系统

【情景创建】

国土测绘的工作任务重、类别多，主要包括城镇规划调查、地图更新与完善、地质灾害应急测绘、矿产资源监管、不动产调查与登记、国土执法检查、建设用地批后监管、耕地保护、土地整理等。国土测绘的工作量大，精准度要求高。仅以 1∶500 的地形测绘为例：需布设多个一级控制点，施测上百个 RTK 图根点，实施全野外测绘。国土测绘的工作量之大、精度要求高是有目共睹的。

某政府机构要对某村土地利用现状进行调查分析，借用无人机平台，完成测绘作业流程。要求对农村集体土地范围内的大面积土地进行数据采集、影像拍摄，获取高精度的地表三维数据，协助农村集体土地所有权确权登记发证工作顺利进行。

【任务实施】

为什么要借助无人机系统？无人机测绘作业的系统由哪些部分组成？无人机测绘系统又有哪些类别，无人机测绘应用有哪些方面？

了解无人机测绘作业系统，明确不同的应用方向。

知识点 29　无人机测绘作业系统组成

与传统的数据采集及更新方式相比，无人机航摄系统拥有低成本高效率、快速及时获取高分辨率大比例尺影像的优势，满足信息化技术发展的需求，为国土资源管理与监测提供坚实的数据基础。另外，根据《测绘法》，测绘部门应鼓励测绘科学技术的创新和进步，采用先进的技术和设备，提高测绘水平；基础测绘成果应当定期更新，经济建设、国防建设、社会发展急需的基础测绘成果应当及时更新。新《测绘法》对测绘地理信息也提出了新要求，要求加快构建新型基础测绘、地理省情监测、应急测绘保障、航空航天遥感测绘等公益性测绘保障体系，丰富地理信息资源和公共产品，推动测绘地理信息公共服务提质增效。

无人机航拍测绘具有高清晰、大比例尺、小面积、高现势性的优点（见图5-1）。特别适合获取带状地区航拍影像（公路、铁路、河流、水库、海岸线等）。且无人驾驶飞机为航拍摄影提供了操作方便，易于转场的遥感平台。起飞降落受场地限制较小，在操场、公路或其他较开阔的地面均可起降，其稳定性、安全性好，转场等非常容易。小型轻便、低噪节能、高效机动、影像清晰、轻型化、小型化、智能化更是无人机航拍的突出特点。

图 5-1　无人机测绘地形图

无人机航拍技术的系统组成主要分为测量系统和飞控系统（见图5-2）。

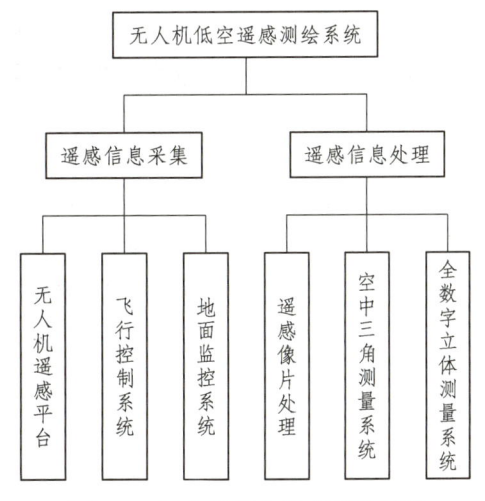

图 5-2　无人机低空遥感测绘系统

1. 遥感信息采集系统

（1）无人机遥感平台。

航测遥感技术利用无人机装载航空数码相机，并采用 IMU（惯性测量）/GPS（全球定位系统）技术而进行导航的航空摄影，适于低空飞行的航测遥感技术是我国在遥感技术基础上发展起来的新型技术，其优势在于可以快速、精准、高效地获取地理信息数据。

（2）飞行控制系统。

无人机飞行控制的关键内容就是飞行控制系统，内容包括对定位系统导航开展科学的利用，进一步达到信号定位，实时地掌握加速计、陀螺等传感器的输出参数，通过数字化监控，实现设定范围内点、线、面的信息采集任务。

（3）地面监控系统。

天线、监控软件、供电系统、便携式计算机几部分系统构成了地面监控系统，技术工作人员可以操作地面监控软件，对相关的数据进行适应性设定及实时控制，包括导航模式的选择、相机曝光参数、基本飞行参数、航线规划、勘查数据的输出和上传，以及飞行器任务平台的健康管理设置等。

2. 遥感信息处理系统

（1）遥感像片处理。

遥感像片处理最突出的功能是对相关数据文件的整合处理，处理的内容包括任务航摄规范表、相机检定参数等。在整合数据工作完成后将勘查照片按照规定要求进行处理，主要有航带的整理、质量监测、照片的预处理、照片的并行更正等等。运用合理的操作流程处理出正确的图片文件作为最后的应用数据，方便后期的使用。

（2）空中三角测量系统。

遥感信息处理系统运行过程中，空中三角测量系统有着极其重要的位置，是系统运行的关键环节，具体工作内容包括将初步规划好的航带列表合理科学地融合，将相间的相互关系正确地认定；对影像进行内定向，经过影像间连接点的布局、像控点量测、平差计算进行自动空三加密，构成完整全面的三维立体模型，最后实现模型定向及生成核线影像。

（3）三维建模系统。

三维建模系统的应用可以实现地图形的推断，求出具体的相关信息，实现三维虚拟地形地物的可视化，工作人员直接感受到具体的区域环境或者是设计方案，加快方案设计分析设定，实现共同交流，优化方案选择。现有的软件包括 ArcGIS、Civil3D、TerrainCAD 等等。

知识点 30　无人机测绘作业系统分类

无人机航测是一种新型的获取地理信息的方式，相比于传统的测量测绘，可以很方便地用较小的时间和人力物力代价获取较高精度的外业数据。三维激光扫描技术（Lidar）采用非接触主动测量方式直接获取高精度三维数据，没有白天和黑夜的限制。它具有扫描速度快、实时性强、精度高、主动性强、全数字特征等特点，可以极大地降低成本，节约时间，提高整体作业效率。目前主流的无人机航测系统（Lidar）按照组成部分分类可以分为地面基站端、无人机移动端和相关配套的软件设施等。

按照功能模块分主要包括：

（1）无人机飞控平台，用来搭载各种设备，针对不同的应用行业对续航能力有不同的要求。

（2）动态差分 GNSS 接收机，用于确定扫描投影中心的空间位置，通过接收卫星的数据，实时精确测定出设备的空间位置，再通过后处理技术与地面基站进行差分计算，精确计算得出飞行轨迹。

（3）姿态测量装置（IMU），用于测量扫描装置主光轴的空间姿态参数，由装置将接收到的 GNSS 数据，经过处理，求得飞行运动的轨迹，根据轨迹的几何关系及变量参数，推算出未来的空中位置，从而测算出该测量系统的实时和将来的空间向量。由于在飞行过程中，飞机会受到一些外界因素的影响，此时，实际轨迹由惯导装置测定，通过动力装置调整，使飞行精确按原轨迹运动，所以该系统也称为惯导系统。

（4）激光扫描测距系统（Lidar），用于测量传感器到地面点的距离，它的数据发射量和功率非常大，每秒最多可发射 12.5 万个激光点，测量距离为离地面 30～2 500 m。测量到地面的激光点密度最高可达 65 个/m^2，正常飞行高度情况下（航高 800 m），在植被比较茂密的地区也有一定量的激光点射到地面上。可利用专业软件对数据进行处理辨别出地面点或是植被点等。

（5）一套成像装置（主要是数码相机），用于获取对应地面的彩色数码影像，用于最终制作正射影像，采用高分辨率数码相机（2 200 万像素），在 1 000 m 的飞行高度，影像地面分辨可达到 250 px，可以获得高清晰的影像。通过影像与激光点数据整合处理后，可以得到依比例、带坐标和高程的正射影像图。在不同航高下，可以按需要得到 1∶250～1∶10 000 不同比例尺的正射影像。

知识点 31　无人机技术在测绘领域的应用

在国土资源管理工作中，最重要内容之一是对土地资源的变化信息实时、快速采集。目前，各地多采用人工实地核对测量，国家层面基本采用卫星遥感影像数据，这些技术手段在实际工作中发挥了很大作用，但在高效、快捷、准确性等方面还存在一定程度的不足。人工实地检查效率低，需要大量的人力和物力，很多地方难以测绘到位，并且易受人为因素干扰。卫星遥感影像数据分辨率低，影响判别准确性；采购周期长，现势性不够。因此，国土资源监测工作中对违规用地、违法用地、滥占耕地、非法开采矿山等现象难以做到及早发现、及时制止，迫切需要采用更加清晰、直观、快速、高效的国土资源快速监测方法。利用无人机航空摄影测量技术开展国土资源调查与土地管理、土地利用监测，可及时地反映各种国土资源的具体情况，增强资源开发、灾害防治的预见性，为土地开发与整治、土地利用监测、建设工程选址选线及城市规划提供依据。

1. 土地确权

传统的土地确权测量工作，一般是通过地面工程测量实测方式绘制地形图或者通过传统载人飞机航测地形图。相较于传统方式，采用无人机进行航空摄影测量具有明显的优势，成本低廉、执行方便、自动化程度高、效率高、精确度高（见图

5-3）。

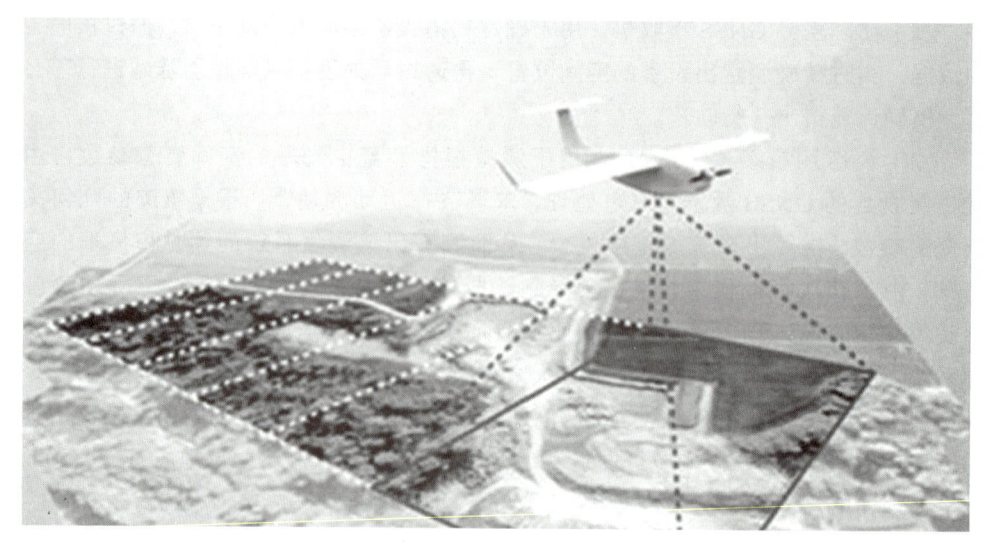

图 5-3　无人机航空摄影测量

因此在农村的集体土地登记确权发证工作中,通过无人机航空摄影建模来获取基础地形图数据是一种很好的方式。无人机可对农村集体土地范围内的大面积土地进行数据采集、影像拍摄（见图 5-4）,获取高精度的地表三维数据,再通过协同作业的侧视图像进行快速三维建模,绘制比例尺较大的地形图,协助农村集体土地所有权确权登记发证工作顺利进行。

图 5-4　无人机对土地的影像拍摄

2. 堆体测量

堆体测量的应用范围非常广泛,矿山、火电厂,建筑工程施工过程中的土堆沙堆计量,港口码头的散装货物估算,还有粮仓里的粮堆估算,这些都离不开堆体测量技术。目前的堆体测量,主要依靠全站仪、盘煤仪、GPS 等测量仪器对堆体进行测量,相较于更早之前的完全依赖人工使用皮尺丈量,这些测量手段已经有了长足的进步。但是,如今有着更为高效、高精度的测量方法：使用无人机测绘并建模（见图 5-5）。

图 5-5　无人机堆体测量

3. 城市管理规划

城市基本地形图是进行城市建设、规划管理、国土资源管理等最基本的基础地理信息资料。其在城市规划、建设、交通、管理、社会与公众服务以及可持续发展研究等众多领域的作用日益重要，对基本地形图的准确性、覆盖率的要求也越来越高。

无人机低空遥感技术是城市管理规划测绘新的发展方向，已逐步应用于城市大比例尺地形图航空测量，可快速、高效获取高精度、高分辨率的影像数据，成为传统人工测量的有效补充手段（见图 5-6）。

图 5-6　无人机低空遥感

无人机发展到今天，已经不单单是一个领域的产品了，而是所有行业领域，无人机改变着我们的生活和工作方式。

【任务测评】

简述无人机测绘作业系统的组成、分类和应用的行业。

【扩展阅读】

森林火灾是全球性的林业重要灾害之一，每年都会造成林业资源的重大损失和大范围的环境污染。传统的森林防火监测，主要采用地面巡护、人工瞭望台观察、远程视频监控和卫星遥感方式。其中，地面巡护监测范围小，许多交通不便的地方难以巡护；瞭望台观察效果过于依赖瞭望员的经验，准确率低、误差大，并且易受地形地势限制，覆盖范围小、存在火灾监测死角；卫星遥感监测森林火灾是近些年来比较普遍的森林火险监测手段，具有覆盖范围大、及时迅速、连续完整的特点，然而该方法也存在着遥感图像分辨率不足、灵活性差等问题，利用无人机进行森林火灾监测可以克服上述缺陷，其部署方便、数据采集快捷、信息丰富以及技术成本较低。因此需要一种基于无人机的森林火灾监控预警方法，利用现代摄影测量技术进行火灾自动识别，实现对森林火灾信息进行全面、细致、准确地监测，可对森林火灾预警和扑救指挥工作提供实用的决策参考信息，并具有电池电量监控功能，降低设备丢失和损坏的风险。

目前森林消防无人机监测森林火灾作为一种新型森林火灾遥感监测手段，已被我国很多省、市（区）广泛应用。启用无人机航空监测手段，不仅可以全面提升森林防火预防体系建设能力，还将提升森林火灾现场指挥效能以及综合灭火能力，同时，也填补了在森林火灾现场遥感监测、远程视频监控等方面的空白。

任务 15　无人机测绘作业标准化流程

【情景创建】

某国家铁路局需要测绘一条铁路廊道。工程部门将这条廊道分成大致相等的三个路段，并与三家供应商签订了测绘合同，以降低项目风险，并可比较三家的测绘结果。

其中签约的两家供应商决定采用传统的地形测绘技术，比如使用 GPS 基站与全站仪测绘分配给他们的铁路廊道，但第三家供应商却选择了新的测绘办法——无人机测绘：他们使用测绘无人机来从天空获取数据。最后政府选择了第三家供应商的方案。

【任务实施】

无人机航拍测绘具有精度高、作业效率高、数据分析能力强的特点，很大程度上解决了人工测绘的痛点。因此，无人机在测绘工程中的应用越来越广泛。那么，先掌握无人机航拍注意要点，才能充分发挥无人机优势，减轻测绘负担。

知识点 32　作业前准备

飞行前的准备内容包括：选择航拍测绘设备、航线规划涉及、飞行方案涉及（确定航高及飞行速度、重叠度），记录当天风速、天气、起降坐标等信息，并保存数据供日后参考。建立无线电台和地面站，无线电链路用于地面站和无人机之间的通信。目前，大多数测绘无人机使用无线电链路在无人机与地面站之间进行数据交换和分析。

知识点 33　作业方式方法

1. 测量场地确定

作业区域卫星图分析；准确抵达现场，识别作业区域范围。

2. 判断天气条件

天气的好坏直接影响到航拍测量的效果，所以我们在出发航拍之前一定要掌握当日天气状况，并并观察以下几点：云层厚度，多云天气或者高亮度的阴天最好。
（1）光照，光照不好应增加曝光时间，iso 数值低代表成像质量好；
（2）测定现场风速，地面四级风（6 m/s）及以下适宜，逆风出，顺风回；
（3）温度 0～40 ℃，温度过高或过低影响电池稳定性及相机精度。

3. 记录当天作业日志

记录当天风速、天气、起降坐标等信息，留备日后数据参考和分析总结。

4. 地面像控点设与数据采集

像控点必须在测区范围内合理分布，通常在测区四周以及中间都要有控制点。要完成模型的重建至少要有 3 个控制点。1 平方公里需要最少 5 个像控点，均匀分布。控制点不要做在太靠近测区边缘的位置。地面像控点数据采集应与无人机用同一 cors 端口。

5. 起飞前准备，设备检查

（1）遥控器插入 4G 网卡。
（2）SIM 卡安装检查，cors 连接信号检查。

（3）网络诊断：左上角（三）符号→设置→网络诊断→正确连接。

（4）RTK 连接：点击左下角飞行→右上角…符号→打开 RTK 模块→选择 RTK 服务类型（网络 RTK）→回到执行页面右上角 图标变为白色为连接成功，红色不成功检查飞机及遥控器电池电量。

6. 无人机起飞

点击规划→点击摄影测量→点击地图建立第一个航点（双击删除）→航点设置→选定区域→设置飞行高度→调整航线重复率→调整边距相机设置→照片比例→白平衡→设置云台角度→为提高精度建议关闭畸变修整返回主界面→点击保存→输入任务名称→确定→切换至相机→调整相机参数→点击执行→阅读注意事项点击确定→右滑开始执行飞行作业。

7. 飞机工作状态监测

将遥控器天线切面面向飞行器，以获得最佳信号。电池电量不足可以手动结束任务（App 将记录断点），更换电池后可继续执行。随时准备处理应急状况；

8. 无人机降落

无人机按设定路线飞行航拍完毕后，根据规划设置，默认自动返航。遥控操作手到指定地点待命。

9. 数据导出检查

降落后，将 SD 卡中的图片导入电脑进行建图。

10. 设备整理

检查飞机及遥控器剩余电量，更换收纳电池；将飞机与遥控器收纳整理装入箱内指定位置。

知识点 34　注意事项

（1）相机感光体 CCD 的尺寸、焦距以及像素的大小直接影响影像的精度从而影响模型的精度。

（2）在相机参数不变的情况下，无人机飞行高度（曝光点到地物的高度）是决定模型精度高低的关键因素。

（3）在建模的过程中，需要知道相机感光体 CCD 的尺寸说到传感器的尺寸，其实是说感光器件的面积大小，这里就包括了 CCD 和 CMOS。感光器件的面积越大，CCD/CMOS 面积越大，捕捉的光子越多，感光性能越好，信噪比越高。

（4）传感器尺寸越大，感光面积越大，成像效果越好。1/1.8 英寸（1 英寸≈2.54 厘米）的 300 万像素相机效果通常好于 1/2.7 英寸的 400 万像素相机（后者的感光面积只有前者的 55%）。

（5）而相同尺寸的传感器像素增加固然是件好事，但这也会导致单个像素的感光面积缩小，有曝光不足的可能。

（6）拍摄好的影像，不要进行任何的编辑，包括改变尺寸、裁剪、旋转、降低噪点、锐化或调整亮度、对比度、饱和度或色调。

（7）CC 建模软件不支持拼接的全景图作为原始数据。

（8）飞行过程中的数据会有一定的图像模糊，尤其是旋翼倾斜上使用的普通相机，对于微单相机来说，运动模糊是不可避免的。运动模糊会导致特征点提取不准，从而：空三处理中的连接匹配带来很大的影响；二维重建中的粗匹配产生较大的影响。

（9）模型重建要求连续影像之间的重叠部分应该超过 60%，物体的同一部分的不同拍摄点间的分隔应该小于 15°。

（10）规划航线拍摄时，建议采集航向重叠度 75% 以上，旁向重叠度不小于 70% 的影像。为实现更好的效果，更好地还原建筑，建议同时采集垂直和倾斜影像。并同时用小无人机低空采集高空相机拍不到的死角。

（11）尽量选择高分辨率的单反相机，建议 2 000 万像素以上。避免使用广角鱼眼镜头。最好是选择定焦镜头，如果使用变焦镜头，请将该镜头焦距设置成最大或最小值。

（12）将相机调整为最大分辨率模式；ISO 值尽量低，否则高 ISO 会产生噪点；光圈值足够高（光圈越小越好），以产生足够的景深，背景不要太模糊；快门速度不应该过慢，否则轻微的动作会造成图像模糊。

（13）避免选择高反光、透明的物体，例如玻璃瓶、镜面等。如果容易反光的物体，最好使用柔光灯或在阴天下拍摄，尽可能没有亮点。

（14）避免选择有两面绝对对称的物体（形状和纹理都对称），例如单色立方体或有对应面一样纹理的立方体。

（15）避免有移动的物体在场景中，要保证被拍摄的背景环境是不变的。

（16）避免绝对平坦的物体，例如平口盘子等。避免绝对平坦的背景，有层次感会更好，背景颜色也不要选择单色的背景，最好是杂乱无章的图案。除了被合成的物体外，画面前景中不要有没用的物体。

知识点 35　典型作业流程

典型作业流程如图 5-7 所示。

无人机测绘，因其具有精度高、速度快、成本低等诸多优点，近来发展迅猛。无人机测绘流程包括相机检校、航线规划、航拍、摄影测量处理。软件处理流程包括：

（1）影像纠正：根据相机参数，对航摄影像进行纠正，消除畸变。

（2）特征提取：提取每张影像上的纹理特征。

（3）影像匹配：全自动对影像进行特征匹配，生成密集匹配关系。

（4）空间三角测量：计算相机方位、匹配点坐标。

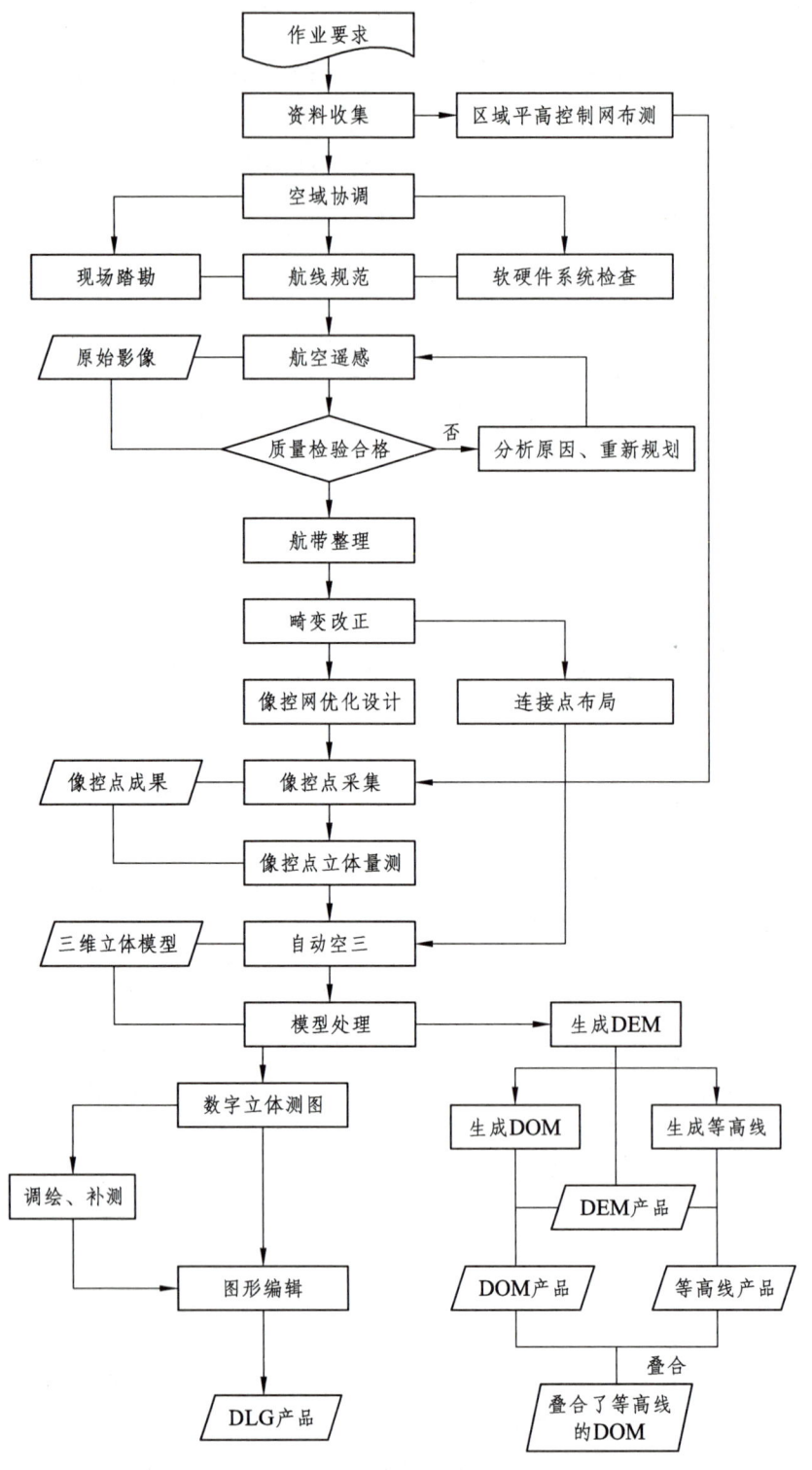

图 5-7 典型企业管理流程

(5) 坐标转换：根据控制点三维坐标，将坐标系转到地方坐标系。

(6) 生成产品：包括点云数据、等高线、数字高程模型 DEM、正射影像 DOM、数字线画图等。

【任务测评】

说出无人机测绘作业的完整流程。

【扩展阅读】

  国测一大队顺应时代潮流，勇担艰巨使命，不断开拓创新，攻坚克难，助力队内业建设发展，他们中的每一个人，都是最美测绘人。

  2016 年 10 月，研发部正式启动陕西省 1∶10 000 基础地理信息数据更新项目，这是一项全新的工作，所有的技术问题就都落到了技术负责雷江的身上，首次接触 1∶10 000 项目生产，对他来说，是一项非常严峻的考验，困难程度难以想象。但他凭着顽强的拼搏精神、夜以继日的刻苦努力，克服了时间紧、任务重、技术尚未成熟的重重困难。在一年四季的忙碌中，从接受项目的那一刻开始，几乎没有好好休息过，牺牲小我，成就大我。每天面对突如其来的各种情况，解决大大小小的技术问题，无论白天、黑夜还是节假日，只要有问题出现，就是工作时间。他精益求精的工作态度，使得生产进度和产品质量都得以保障。

  计算机专业出身的何弯弯，初次接触"测绘"这两个字，深感万事开头难。开弓没有回头箭，何弯弯立鸿鹄志，做奋斗者，从零开始，虚心请教，当别人陆陆续续离开工作区域下班时，他总还在灯下认真研究技术问题。为了拓宽专业视野，他充分利用网络、书籍等手段，使业务技能得到全面提升。在老师傅的指导下，经过多个测区的磨练，绘图速度和质量不断提高，迅速成长为部门骨干力量。他的文档里密密麻麻全是对问题的标记和总结，不仅要求自己解决问题，更要确保每一处问题背后的知识得到充分理解。如今，是何弯弯入职的第二年，他已完全从新手成长为可以带领新进职工的优秀技术者。

  来自河北的小伙子赵栋，在单位转型升级、内业从零发展的关键时期，他勇于担当起立体描绘组的组长，硬件设备有限，他白天参与生产，夜晚培训新人，一干就是两个多月。工作时聚精会神，一丝不苟。由于描绘工作需要在立体环境下进行，一整天的工作下来，他和他的组员们摘下眼镜的瞬间，甚至不能直视强光。图幅上成千上万条等高线，数不清的沟沟坎坎，他都了然于胸。测绘生产其实并不复杂，却来不得半点投机。对于工作中出现的问题，赵栋和他带领的小组，能够做到举一反三，找出存在的问题，解决技术漏洞，严抓产品质量和生产进度，保证项目顺利完成。

  内业工作枯燥无味，单调重复，但在吴琼眼中，越发感到把简单的工作出色地完成并不容易，而坚持不懈地做好更不容易。巾帼不让须眉，女性的身份同样能在测绘行业闯出一番天地。无论是航空重力外业航飞工作，还是点云数据处理、内业编辑制图，吴琼总能对每一项工作付出一百分的努力。一分耕耘一分收获，吴琼用毅力和斗志在一系列职工技能竞赛、最美测绘人演讲中为集体和个人争得了荣誉。纸上得来终觉浅，绝知此事要躬行。吴琼用实际行动彰显了当代测绘女职工敢于尝试，无惧艰难险阻的干劲与信念。

研发部的每一位成员都在用实干精神诠释一切，竭尽全力，争取在单位时间内创造最大的工作效益。他们连续作业，加班加点，确保项目优质、高效得提交；他们集思广益，互相合作，研究出多项付诸实践的创新理论；他们刻苦钻研，科研成果丰硕，汇聚成了一篇篇高质量高水平文章；他们聚焦创新，助力提质增效，为测绘地理信息产品保障服务奠定了基础。

青春最美是担当，唯有奉献才无悔。研发部在老一辈测绘队员崇高精神的指引下，奋勇当先，无论面对什么样的挑战，这些平凡的内业人都投以最大的热情和干劲，踏踏实实，兢兢业业，默默奉献。他们的青春和汗水，沐浴在改革开放的春风里，闪耀在60年的时光里，薪火相传，生生不息。每一次风雨交加的夜晚，每一次黑夜之后的黎明，每一次浴火重生，凤凰涅槃，只为了以全新的姿态迎接新的开始。

最美由他们而来，感动因他们常在。一样的奋斗历程，一样的慷慨激昂，一样的乘风破浪，无论过去、现在还是将来，测绘人生路，精神永传承！一带一路，测绘先行，如今的研发部，正稳抓新时代新形势的潮流，肩负起最美测绘人的担当，聚焦测绘行业建设，服务测绘强国战略，做经济建设的铺路石，砥砺前行，创造新的辉煌。

任务 16　无人机测绘作业安全和应急措施

【情景创建】

案例一：无锡某公司承接了一单业务，负责全市的河道巡查。由于江南水乡支流众多，河网纵横，巡查难度较大，为了提高效率，公司聘请了多名"飞手"利用无人机这一高科技装备，很快完成了巡查任务。但没想到，今年初，无锡市新吴区检察院的检察官找上了门。原来，检察官发现，该公司巡查的区域中有一部分位于新吴区境内，而新吴区有苏南硕放国际机场。公司未经审批放飞无人机，所飞行拍摄的点位均位于机场净空保护区域内，违反了相关法律法规，对航空安全造成了威胁。

要知道，机场航班起降密度大，飞机起飞和降落阶段最容易受到影响和威胁，这时候一旦机场禁飞区遇到无人机"乱入"，飞机基本没有避让空间。同时，飞机降落时，飞行高度较低，如果发生无人机靠近航班飞机，无论出现信号干扰还是发生碰撞事件，都会造成飞机系统故障甚至失去控制，严重时后果不堪设想。

为预防安全事故的发生，保障空中交通安全，新吴区检察院向公安机关发出《检察建议书》，建议对该公司的违法行为开展调查，依法处罚，加强教育，杜绝类似情况再次发生。公安机关在依法调查取证后，根据《中华人民共和国治安管理处罚法》对公司负责人邢某依法作出警告处罚。而公司也对此事作出深刻检讨，进一步加强法律法规的学习，制订了《无人机使用安全管理规定》，规定"飞手"须持证上岗、飞行时必须远离既有交通线路、人口密集区、高压线、高大建筑及重要设施等。

案例二：西班牙 Albacete 省一名男子因违反现行规定，操作无人机进行非法飞行，并将其在社交网络上传播,被国民警卫队逮捕。自 Albacete 省国民警卫队 Pegaso 小组成立以来,在各地开展了不同的任务,具体包括控制机场或监督直升机机场。其中重点是对在当地航空交通管制中,发现的无人机进行控制和监测,调查无人机所有者是否存在违法行为。在这些行动中,Pegaso 小组的成员们发现,Albacete 省有很多城镇都存在无人机飞行的状况,这些视频随后通过各种社交网络传播。在确定了操作者和所使用的无人机之后,警方证实其没有能够进行此类操作的许可和授权,违反了关于空中安全和无人机系统(遥控驾驶的无人机)飞行的公共安全的规定。最终,警方已将其违规行为告知国家航空安全局。

【任务实施】

无人机测绘作业安全注意事项有哪些?应该采取什么样的应急措施?

知识点 36 一般要求

操纵飞行安全:
(1)检查飞行设备,认真检查无人机的各处细节,包括遥控器等地面设备。
(2)确保设备电量充足,要检查无人机平台及地面遥控器、手机等设备的电量。
(3)选择空旷的飞行场地。
(4)请勿超过安全飞行高度,在规定飞行高度内飞行,超过飞行高度需要向有关部门进行申请。
(5)请勿酒后操作飞机。
(6)请在视距范围内飞行。
(7)请时刻保持对飞机的控制。
(8)请在 GPS 信号良好的情况下飞行。
(9)遵守当地法律法规。

知识点 37 法律法规

2017 年修订的《测绘标准体系》包括了 6 大类、36 小类标准。仅 1∶500 的地形测绘所以的技术依据有《卫星定位城市测量技术规范》(CJJ/T 73—2010)、《城市测量规范》(CJJ 8—2010)、《测绘技术设计规定》(CH/T 1004—2005)、《测绘技术总结编写规定》(CH/T 1001—2005)、《测绘成果质量检查与验收》(GB/T 24356—2009)、《1∶500、1∶1000、1∶2000 地形图图式》(GB/T 20257.1—2007)、《国家三、四等水准测量规范》(GB/T 12898—2009)、补充规定等。另外,地形测绘还需确定坐标系和高程基准、成图比例尺及地形图分幅、时间系统、主要精度指标、图根控制测量、RTK 图根测量(平面)主要技术要求,地形图、地物、地貌的测绘,地形图的编辑等工作。地物、地貌的测绘还涉及居民地及建筑物、独立设施、交通及其附属设施、水系、管线、地貌及土质、植被、高程注记及等高线绘制、文字注记等工作。

知识点 38　作业安全注意事项

1. 避障

（1）红外避障：红外线避障的常见实现方式就是"三角测量原理"。红外感应器包含红外发射器与 CCD 检测器，红外线发射器会发射红外线，红外线在物体上会发生反射，反射的光线被 CCD 检测器接收之后，由于物体的距离 D 不同，反射角度也会不同，不同的反射角度会产生不同的偏移值 L，知道了这些数据再经过计算，就能得出物体的距离。

（2）超声波避障：超声波其实就是声波的一种，因为频率高于 20 kHz，所以人耳听不见，并且指向性更强。超声波测距的原理比红外线更加简单，因为声波遇到障碍物会反射，而声波的速度已知，所以只需要知道发射到接收的时间差，就能轻松计算出测量距离，再结合发射器和接收器的距离，就能算出障碍物的实际距离。

（3）激光避障：激光避障与红外线类似，也是发射激光然后接收。不过激光传感器的测量方式很多样，有类似红外的三角测量，也有类似于超声波的时间差+速度。但无论是哪种方式，激光避障的精度、反馈速度、抗干扰能力和有效范围都要明显优于红外和超声波。

（4）视觉避障：解决机器人如何"看"的问题，也就是大家常听到的计算机视觉（Computer Vision）。其基础在于如何能够从二维的图像中获取三维信息，从而了解我们身处的这个三维世界。视觉识别系统通常来说可以包括一个或两个摄像头。单一的照片只具有二维信息，犹如 2D 电影，并无直接的空间感，只有靠我们自己依靠"物体遮挡、近大远小"等生活经验脑补。故单一的摄像头获取到的信息极其有限，并不能直接得到我们想要的效果（当然能够通过一些其他手段，辅助获取，但是此项还不成熟，并没有大规模验证）。类比到机器视觉中，单个摄像头的图片信息无法获取到场景中每个物体与镜头的距离关系，即缺少第三个维度。从单个摄像头升级到两个摄像头，即立体视觉（Stereo Vision）能够直接提供第三个维度的信息，即景深（depth），能够更为简单的获取到三维信息。双目视觉的基本原理是利用两个平行的摄像头进行拍摄，然后根据两幅图像之间的差异（视差），利用一系列复杂的算法计算出特定点的距离，当数据足够时还能生成深度图。

（5）无人机避障实现的难点：避障功能从构思到实现，走的每一步几乎都伴随着无数的难题。仅仅是写出有效的视觉识别或者地图重构的算法还只是第一步，能让它在无人机这样一个计算能力和功耗都有限制的平台上流畅稳定地跑起来，才是真正困难的地方。此外，如何处理功能的边界也是一个问题，比如双目视觉在视线良好的情况下可以工作，那么当有灰尘遮挡的情况下呢?这就需要不断的实验和试错，并且持续的优化算法，保证各项功能在各类场景下都能正常工作，不会给出错误的指令。

2. 禁飞区域

为了保障公共空域的安全，相关部门为无人机设置了机场禁飞区和限高区。指将民用航空局定义的机场保护范围的坐标向外拓展 100 米形成的禁飞区。为了避免飞行风险，在重要政府机关、监狱、核电站等敏感区域设置了限飞区。这些区域边界向外延伸 100 米为永久禁飞区，完全禁止飞行。在大型演出、重要会议、灾难营救现场等区域，设置临时禁飞区，在活动准备和进行阶段禁止飞行，以维护公共安全。

当无人机接近限飞区域时，相关操作系统将弹出警告，提示飞行风险。建议接收到警告后返航并重新选择飞行地点。从外部接近限飞区边界时，如果高于限制高度，无人机将自动减速并悬停；如果低于限高高度，飞入限飞区后高度将受到限制；如果在无 GPS 信号的状态下进入限飞区，无人机获得 GPS 信号后将自动下降至限高高度，并且降落过程中，油门不可控，水平方向可控。

无人机无法在禁飞区内起飞；从外部接近禁飞区边界时，无人机将自动减速并悬停；如果在无 GPS 信号的状态下进入禁飞区，无人机获得 GPS 信号后将自动降落，并且降落过程中，油门不可控，水平方向可控。

知识点 39　应急处理措施

1. 碰撞问题

我们经常会听说飞机被飞鸟撞击，造成严重的事故，即便是飞机不会坠毁，落地后也可以看到十分明显的伤痕，而且是极具破坏性的伤痕。鸟的体积一般会比无人机小，或者是小很多，鸟都能对飞机造成如此的撞击伤害，何况是一架无人机呢。相信如果真的相撞，一定是非常严重的毁灭性的事故。

处理方法：立即将无人机返航，检查机体、机身完整情况。

2. 信号干扰

无人机是靠无线信号进行数据的传输，飞机在飞行中，控制系统、自动导航系统、自动驱动系统、起落装置、通信设备等等都会受到无线信号的干扰。飞机整个飞行过程中，起飞和降落阶段是最危险的，最容易出现事故的。这时候如果机场有"黑飞"的无人机出现，一旦出现了信号的干扰，极容易造成飞机短期内出现系统故障甚至失去控制，出现毁灭性的事故。

处理方法：立即将无人机返航，断开连接后再次连接，检查传输信号、图传信号等。

【任务测评】

根据课程内容要求，将同学们根据人数分成若干组，进行标准的无人机测绘作业，其中包括：

（1）学习相应的法律法规。
（2）空军、民航审批与空域申请计划（如有需求）。
（3）测绘区域航线规划。
（4）目标飞行计划。
（5）测绘航拍设备准备。

(6)其他器材准备。
(7)飞行及数据获取。
(8)数据处理。
(9)生成测绘产品。

【扩展阅读】

自然资源部大地测量数据处理中心主任郭春喜,从事大地测量数据处理工作36年,两次成功主持珠峰高程数据处理,将我国大地水准面精度提高了一两个数量级,填补了陕西省实时导航定位服务的空白。

从他身上看到的,是他对数据精度的追求,是他对测绘事业的奉献,他用"测绘精神"来锤炼中国"精度"。对于我们青年干部来说,更应该学习这种"测绘精神",让党和国家走上新的高度。

要用精密的计算来提升工作"精度"。作为青年干部,我们要综合多种科学技术手段,开发创新思维,利用互联网的优势,从根本上解决问题。更是可以采用不同的方式去从多方面分析问题,站在群众的角度思考问题,这样可以使处理问题的效率更高效。

要脚踏实地提升服务"精度"。仰望星空的同时更要脚踏实地,正所谓"上面千条线,下面一根针",在基层工作的青年干部更是要传达上级政府的各种政策,落实到每一个群众。这就需要我们脚踏实地的开展工作,认认真真的完成工作,准确把握党的方针路线,通过宣传引导,让人民群众理解和支持国家建设,这才能更好地服务群众。

要不懈探索,提升自身"精度"。青年是祖国的未来与希望,青年干部更是起到了领头羊的作用。"打铁还需自身硬",青年干部需要提升自身素质,要树立不学习无以立的信念,同样要怀着终身学习的理念,向身边的领导、同事、人民群众学习,也要向书本学习,不断的充实自己,提升自身"精度"。

这就是"测绘精神",精密的计算,脚踏实地的工作和不懈的探索,我们青年干部要用这种"测绘精神"不断提升自身的"精度",自觉担负起党和人民赋予的时代重任,通过我们的共同努力,去锤炼中国的"精度"。

模块 6　无人机农业植保作业

任务 17　无人机农业植保作业系统

【情景创建】

中国作为农业大国，每年需要大量的农业植保作业。当前农业植保工作主要使用的依然是植保喷洒器和人工操作，不仅效率低，而且效果不是非常明显，还具有一定危险性。

2017 年 9 月 8 号，株洲一位姓欧的大叔，从田间干农活回家感觉到头晕、恶心、呕吐等不适，随即到当地卫生所看病。卫生所医生了解到情况，原来欧叔叔之前在田间喷洒农药，农药为敌敌畏和叶蝉散混合制剂，喷洒农药时喷雾器有渗漏，上身衣服湿透。卫生所医生考虑农药中毒，予以初步处理后，欧叔叔头晕、呕吐等症状稍有好转。9 月 10 日晚上，欧叔叔突然出现高热、意识不清，还发起了高烧，体温达到了 40.2 ℃。医生立即安排他住进了急诊重症监护室，并下了病危通知书。经过 7 天的与死神作战，欧叔叔终于获得死神的"豁免"，恢复了意识、拔掉气管插管、生命体征得到稳定转出了重症监护室并成功康复。

【任务实施】

如何改善人工喷洒农药效率低下、危害性巨大的现状，实现高效、精准、安全的智能化农业植保？

知识点 40　无人机农业植保作业系统组成

农业植保无人机（见图 6-1）主要由以下几个部分组成。

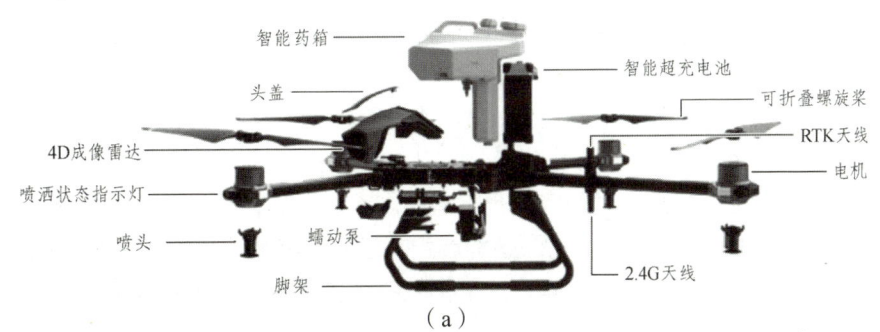

（a）

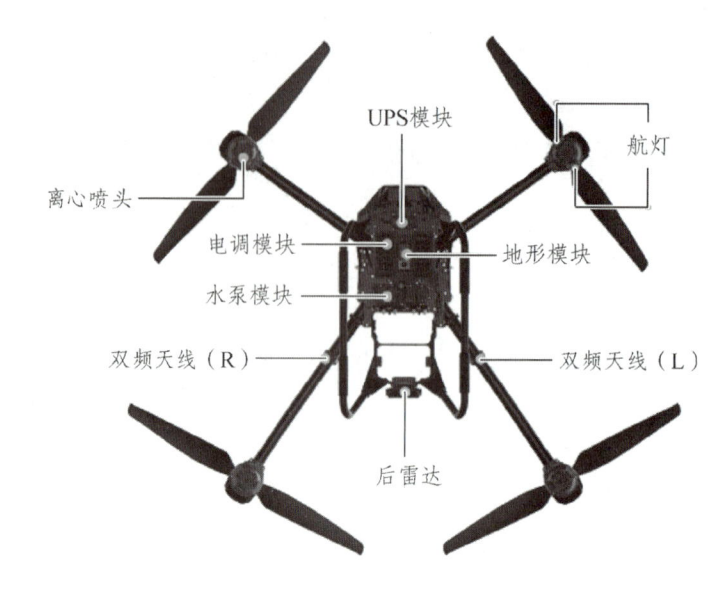

（b）植保无人机背面模块分布

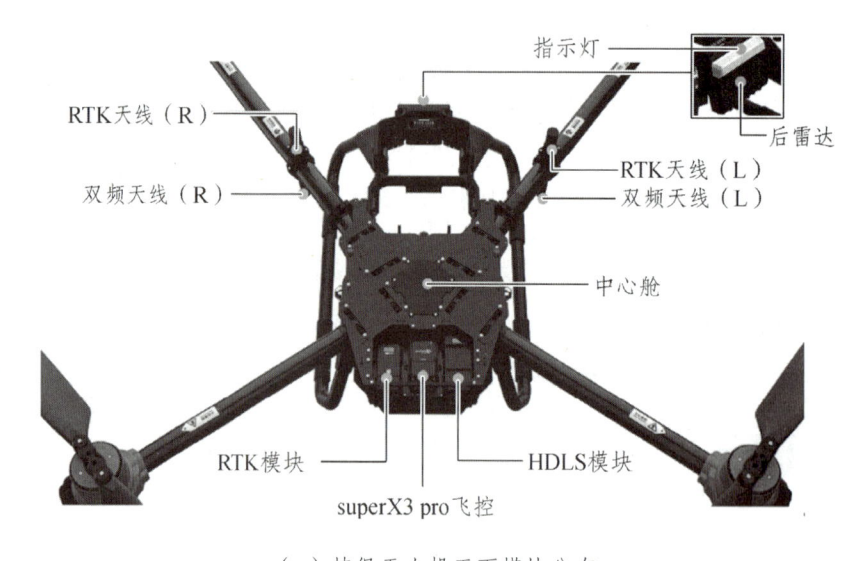

（c）植保无人机正面模块分布

图 6-1　无人机农业植保系统

1. 载机平台（包括上下板子、机臂、脚架，见图 6-2）

无人机是整个系统中负责载药和喷施农药的主要载体。一般因为植保无人机的荷载比较大，对安全性的要求高，而对机动性要求不高。所以，适当地增加旋翼数量以提供动力冗余，而且无人机的旋翼都是成对的，这样才能保持平衡，一旦有一个旋翼损坏，那么在没有动力冗余的情况下，无人机一定会坠落的，这样说来，类似航拍机的四旋翼就不够了。

但是，旋翼是不是越多越好呢？也不是的。旋翼多了，需要的动力就要增加，飞行器的结构和控制系统也会更复杂，这样就提高了飞行器的成本，维护费用也会提高，而植保机的本质还是一种生产工具，过于复杂的结构不利于使用和维护。

图 6-2　无人机载机平台

2. 动力系统（电机、电调、螺旋桨）

电机俗称马达，能将电能转化为机械能，带动螺旋桨旋转，从而产生推力（见图 6-3）。在微型无人机当中使用的动力电机可以分为两类：有刷电动机和无刷电动机。有刷电机和无刷电机在外观上的主要区别就是：有刷电机是里面的电刷在转动被称为转子，外面不转的永磁体被称为定子；无刷电机是里面的电刷不转被称为定子，外面的永磁体转动被称为转子。当然还有一个最主要的区别就是无刷电机需要用交流电来驱动所以外面需要接上一个电子调速器，而有刷电机直流电就可以将其驱动。有刷电动机由于效率较低，在无人机领域已逐渐不再使用。无人机的电机主要以无刷电机为主，一头固定在机架力臂的电机座，一头固定螺旋桨，通过旋转产生向下的推力。不同大小、负载的机架，需要配合不同规格、功率的电机，电机并不是说越大越好，效率才是王道。

图 6-3　植保无人机电机

单独的电机并不能工作，需要配合电调，后者用于控制电机的转速（见图 6-4）。与电机一样，不同负载的动力系统需要配合不同规格的电调，虽然电调用大了没太大影响，但电调大了，自然也重了，效率自然也不会提高。电调的作用主要有以下 5 个：

（1）整流，将电源的直流电变为交流电。

（2）稳压，在信号线的正负极之间有 5 V 左右的稳定电压输出。

（3）调速，通过改变电流来改变电机的转速。

（4）检测，检测电机是否完好以及是否有遥控器信号。

（5）换向，改变电机转向。

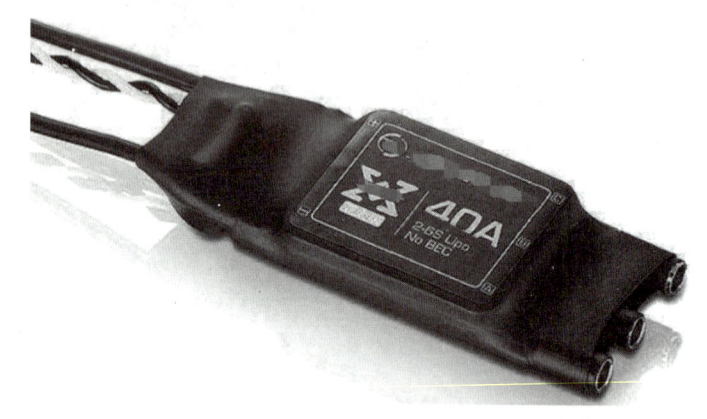

图 6-4　植保无人机电调

螺旋桨是直接产生推力的部件，同样是以追求效率为首要目的（见图 6-5）。匹配的电机、电调和螺旋桨搭配，可以在相同的推力下耗用更少的电量，这样就能延长无人机的续航时间。有些螺旋桨是有正反两种方向的，这是因为电机驱动螺旋桨转动时，本身会产生一个反扭力，会导致机架反向旋转。而通过一个电机正向旋转、一个电机反向旋转，可以互相抵消这种反扭力，相对应的螺旋桨的方向也就相反了。多轴飞行器的操纵主要就是依靠改变电机的转速，使每个螺旋桨产生不同的升力来进行操纵。

图 6-5　植保无人机螺旋桨

3. 电力系统（电池、充电器、发电机）

电力系统主要是指电池、充电器和发电机，可以为系统内的全部用电设备进行稳定的供电。现在的无人机的电池主要以锂聚合物电池为主（见图 6-6），特点是能量密度大、重量轻、耐电流数值较高等等，这些特性都是较为适合无人机的。手机领域也有部分使用锂聚合物电池，但充、放电能力远远不及无人机的这些电池。由于这些电池用于无人机的动力系统，所以也会被叫作"动力电池"。

图 6-6　植保无人机电池和充电器

发电机是指将其他形式的能源转换成电能的机械设备（见图 6-7）。它的转化过程实际上就是工作循环的过程，简单来说就是通过燃烧气缸内的燃料，产生动能，驱动发动机气缸内的活塞往复地运动，由此带动连在活塞上的连杆和与连杆相连的曲柄，围绕曲轴中心作往复的圆周运动，而输出动力的。目前绝大多数植保无人机依靠电池电能为其提供动力来源。出于多方面考量，许多飞防植保人士选择在作业现场用小型汽油发电机为多块电池充电。

图 6-7　植保无人机发电机

4. GNSS RTK 高精度定位系统（农田测绘杆、移动基站、云基站）

GNSS RTK 高精度定位系统（见图 6-8）由 RTK 农田测绘器、移动基站和云基站组成，为农田测绘、无人机飞行提供厘米级的高精度定位，使航线规划准度达到厘米级，实现高精度航线飞行，避免因飞行的不精准导致的重喷、漏喷及飞行事故发生。高精度的定位飞行是实现精准喷洒的不可缺少的条件之一。

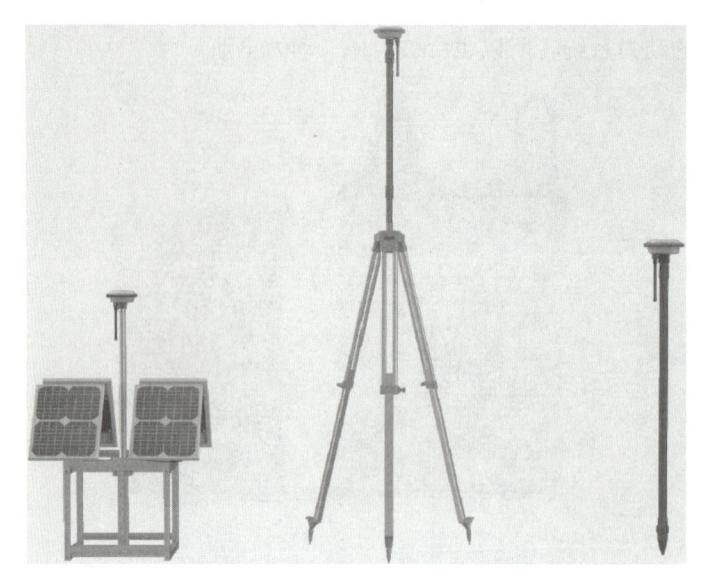

图 6-8　RTK 高精度定位系统

5. 感知系统（飞控系统、成像雷达、对地视觉）

飞行控制系统之于无人机相当于驾驶员之于有人机，是无人机完成起飞、空中飞行、执行任务、降落等整个飞行过程的核心系统，该系统可以保障无人机飞行稳定，降低操作员的操作难度，提高执行任务能力与飞行品质，增强飞行安全，减轻操作员负担。

成像雷达实现对障碍物位置、距离、运动方向和相对速度的四维感知。成像雷达帮助构建以飞机为中心的立体地图模型，就像为机身加一层"防护罩"，全面准确地预判所有障碍物的行动，从而快速精准绕行，自动避障，保证飞行安全（见图 6-9）。

避障分为航线避障、手动避障和自主避障。

（1）航线避障：在测绘时把障碍物圈出来，生成的航线就自动避开障碍物了。

（2）手动避障：当无人机检测前方有障碍物时，悬停住，需要操作员手动遥控飞机避开障碍物之后再继续执行航线。

（3）自主避障：无人机检测前方有障碍物，不需要认为的操作，无人机自己能够知道前方障碍物的思维信息，自己做出决策，绕开障碍物飞行。

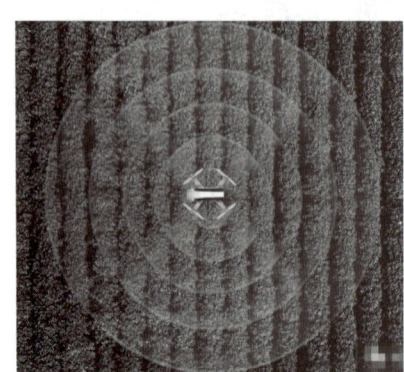

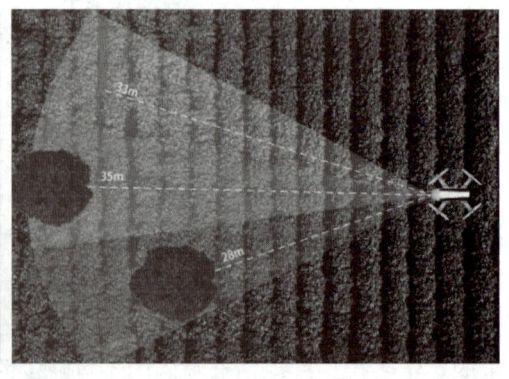

图 6-9　成像雷达避障示意图

雷达还支持精准仿地飞行，轻松适应山地作业环境。仿地是一种垂直方向的定位，会随着地势的高低起伏而相应地变化。仿地功能主要是让飞机能够沿着地形起伏飞行。

对地视觉功能主要是在 GPS 定位系统出现信号遮挡、干扰等异常时，飞机提供辅助定位功能（见图 6-10），确飞行安全。而对地视觉是一种水平方向的定位，能让飞机水平位置保持稳定。

图 6-10　对地视觉传感器

6. 喷洒系统（蠕动泵、液管、离心喷头）

植保无人机喷洒系统常见的两种组合：压力泵+压力喷头和蠕动泵+离心喷头。但是压力泵+压力泵头的组合具有以下缺点：选定隔膜泵和喷头后，喷洒流速和雾化不可调节，不同雾化效果需要换不同孔径的喷头；并且喷头容易堵塞。因此蠕动泵+离心喷头的组合使用场景更加广泛。

蠕动泵（见图 6-11）的工作原理是通过重复压缩弹性管，使管中液体向一定方向运动（其流速由管的直径和压缩速度决定），就像两根手指挤压充满液体的软管一样，随着手指的移动，管内形成负压，液体随之流动。蠕动泵是喷洒系统的动力源泉，源源不断地将药液从药箱中吸取出来并传输至各喷头。蠕动泵的优势：

（1）不污染泵体、维护简单；

（2）转速可控；

（3）耐久性和密封性好。

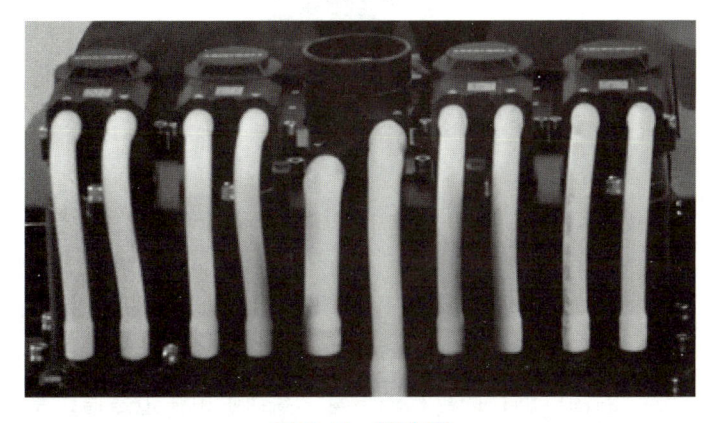

图 6-11　蠕动泵

离心喷头（见图6-12）工作原理通俗地讲，就是利用旋转产生的离心力，将液滴撕裂、碎片化，达到雾化的效果（见图6-13）。离心喷头的优势：

（1）雾化均匀，适用更多经济作物；
（2）雾化等级可自由调整，不需更换喷头；
（3）喷盘不容易堵塞，药剂使用面宽；
（4）喷头寿命长，喷盘耐腐蚀性强。

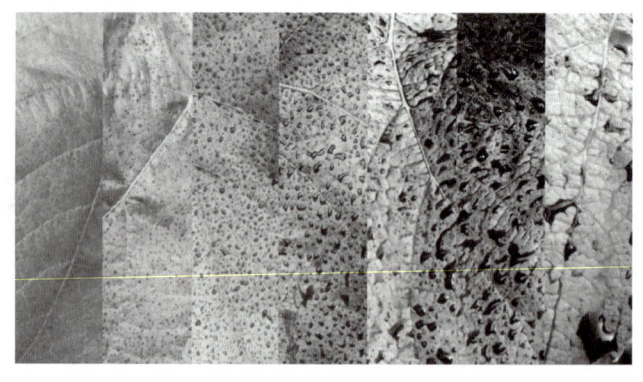

图6-12 离心喷头　　　　　　图6-13 不同雾化等级的效果

7. 播撒系统（颗粒箱、播撒机）

播撒系统（见图6-14）由颗粒箱和播撒机组成，可播撒种子、化肥、饲料等，播撒机通过高速气流，把种子、化肥等1~10毫米的固体颗粒均匀的喷射出去。

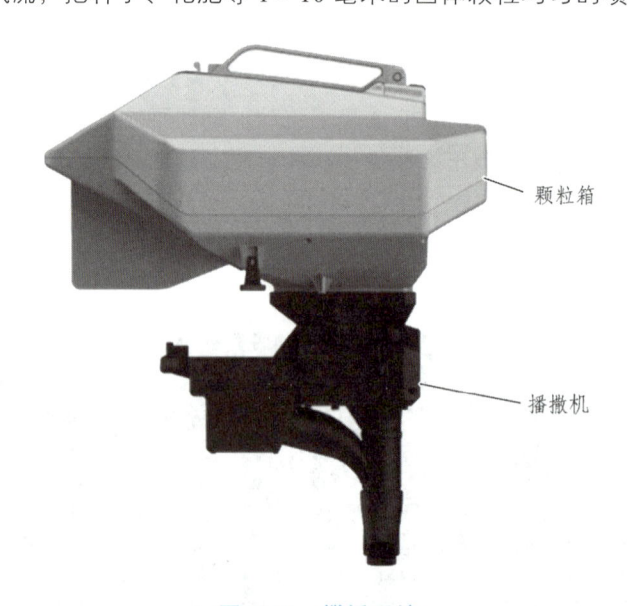

图6-14 撒播系统

播撒机（见图6-15）主要由两大部分构成：进料控制通道和高速喷射通道。进料控制通道负责精准控制固体颗粒的目标输出量；高速喷射通道是通过高速气流加速固体颗粒，控制有效的播幅，并保证颗粒散步范围内的分布均匀程度。

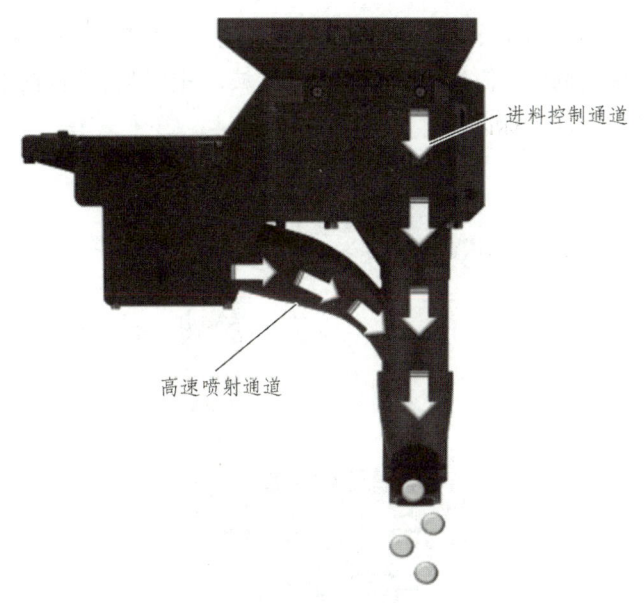

图 6-15 撒播机

进料控制通道（见图6-16）由滚轴定量器、扰动轮和料位传感器组成。滚轴定量器（排料轮）：定量功能是一种旋转轮式结构，绿色线为充种区域。每当凹槽旋转，颗粒就会将凹槽填满。故每一次出的量都是恒定的（10%控制精度）。扰动轮：搅动作用，使颗粒能均匀下落，特别是轻质颗粒。料位传感器闭环检测，协助撒播系统判定种箱内的颗粒情况。

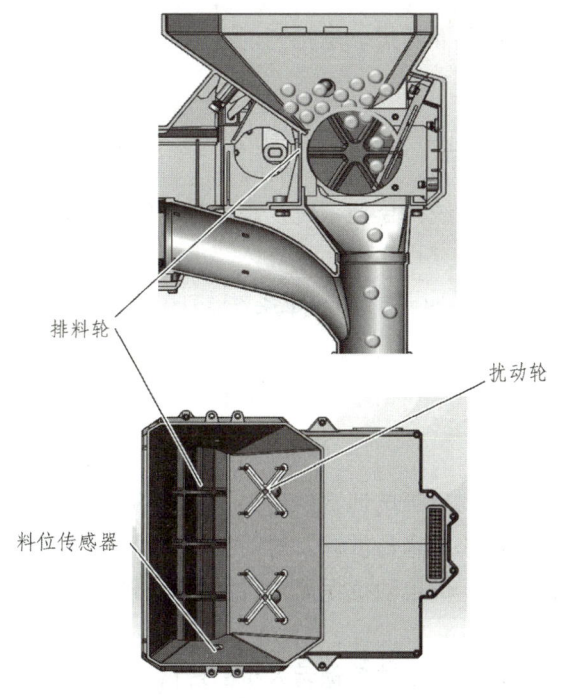

图 6-16 进料控制通道

高速喷射通道（见图6-17）由涵道风扇、喷射管道和导向管组成。涵道风扇：提供高达 18 m/s 的加速气流和超过 1 000 Pa 的垂直风压。喷射管道：利用文丘里效应，获得高速喷射气流的同时，使进料口形成低压区域，固体颗粒获得向下吸力。导向管：将获得速度的颗粒导向目标区域，分布更均匀。

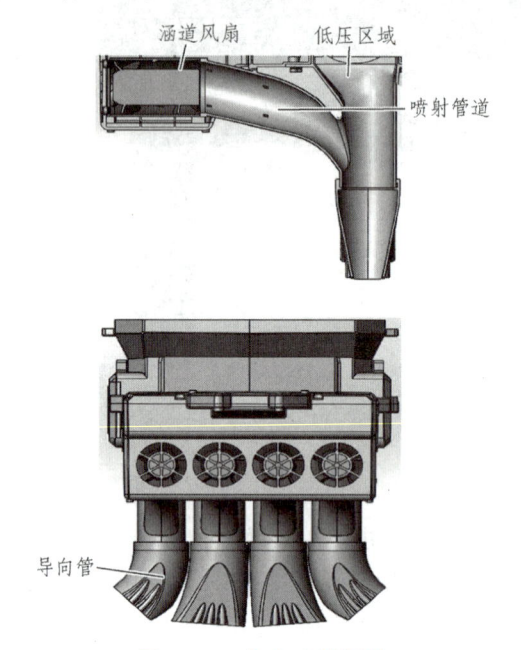

图 6-17　高速喷射通道

8. 装药系统（智能药箱、智能灌药机）

装药系统包含了药箱和灌药机，是把药剂自动、精准、高效装载到药箱中的重要工具。

9. 运营管理监控系统

管理平台包含了管理系统和监控系统，是信息化管理团队和需求的重要工具。

知识点 41　无人机农业植保作业系统分类

1. 按动力系统分

（1）电动植保无人机。

电动植保无人机通常利用锂电池提供动力，市场价格一般在 10~18 万。电动植保无人机日常维护比较简单，容易掌握，对飞行员的操作水平要求不高；并且电池可重复使用，比较环保低碳。但电动植保无人机抗风能力比较弱，续航能力需再提升。

（2）油动植保无人机。

以燃油发动机提供动力，油动植保无人机的价格一般都在 20 万元以上，价格优势不太明显。不过具有较好的抗风能力，载重比较大。但是不易掌控，对飞行员的操作能力要求高，振动也比较大，控制精准度比较低。

（3）油电混合型植保无人机。

是油动植保无人机和电动植保无人机的结合版，规避前两者的风险，同时又具备前两者的优点，是很有发展前景的一款植保无人机产品，也是目前植保无人机厂家需要去研究的方向。

2. 按机型结构分

（1）固定翼植保无人机。

固定翼植保无人机机体模块化，具备简易、安全的起降系统，可按照多种模式自动执行飞行植保的任务。不过需要提高环境适应能力，对飞行员的要求比较高。航时更长、速度更快，飞行效率高，一旦失去动力还有一定机会靠滑翔降低下降速度减少坠机损失。但是需要专门的开阔地用于起飞降落，并且无法实现悬停。

（2）单旋翼植保无人机。

单旋翼植保无人机是企业初入农业植保市场的尝试选择，局限性比较大、虽然其抗风性比较强、植保雾化效果比较好，但是价格高，回报周期过长；飞手培训难，风险高，单旋翼植保机飞手培训周期从一名小白到初级飞手至少需要1月以上，正常需要2~3个月；故障多，售后及维护成本高。目前已逐步被多旋翼植保无人机所取代。

（3）多旋翼植保无人机。

多旋翼植保无人机采用模块化设计，使用与维护极其方便，多旋翼植保无人机采用锂电池作为飞行动力，平均每组电池可连续工作15分钟，喷幅宽度和飞行高度可自由调整。是一部具有整体尺寸小、重量轻、效率高等优点的植保无人机。

3. 按照农用功能分

（1）农事操作植保无人机。

农事操作即利用无人机来代替一些人力的农事作业，来解决人工作业在质量、效率和劳力上的不足，以及作业的安全问题等，比如农药喷洒，种子撒播等。

（2）农田信息搜集植保无人机。

农田信息搜集即利用遥感探测技术及时、准确地收集田间信息，包括光合作业质量、土壤湿度和作物群体生长情况等。

知识点42 无人机农业植保方式和方法

1. 无人机农业植保方式

（1）土壤分析。

在农作物播种前，农用无人机可以用来进行早期的土壤分析。农用无人机可以自动生成种植区域的3D地图，帮助农民规划种子的种植模式。

（2）种子种植。

农用无人机可以使用压缩空气为动力，将种子射入土壤中。使用农用无人机进行种植可以使农作物的吸收率达到75%，同时也能够降低85%的种植成本。

（3）农药喷洒。

农用无人机在进行农药喷洒的过程中，可以扫描地面农作物，然后根据作物的浓密程度实时喷洒出适量的农药。据专家表示，喷药无人机进行农药喷洒的速度是传统机器喷洒的五倍。

（4）作物监控。

由于种植面积的广阔及天气条件的影响，农作物监控一般效率低下。使用农用无人机进行农作物监控，可实现实时监控，从而帮助农民进行农作物的管理。

（5）土地灌溉。

农用无人机配备的高光谱、多光谱或热传感器能够识别土壤的干燥度，帮助农民确定需要灌溉的区域。除此之外，在作物的生长过程中，农用无人机也可以进行植被覆盖指数的计算及地表温度的估计。

（6）健康评估。

农用无人机在农作物健康质量评估上也具有重要的作用。农用无人机携带的设备可通过使用可见光（VIS）或近红外光（NIR）识别植被的生长情况。此外，农用无人机也可以生成多光谱图像，跟踪植物的生长变化，一旦发现病虫害区域，工作人员可以及时的采取补救措施。

2. 无人机农业植保方法

（1）极低空飞行。

植保作业最佳高度是在作物叶尖之上 1 米左右距离。对于苗期小麦等低矮作物，无人机应在离地面两米高度上飞行。飞行高度精度应在分米级。

（2）高精度直线飞行。

植保作业必须保持直线飞行，以保证不产生漏喷、重喷现象。飞行水平精度应在分米级。

（3）慢速匀速飞行。

无人机植保的雾化效果很好，药效与无人机的速度密切相关。一般应该保持在 4～6 米/秒的匀速飞行。

（4）超目视飞行。

植保无人机目视飞行最远只能达到 200 米，对于宽幅大于 500 米的大田，将难以选择起降加药点，大田中间无法作业。从植保作业效率上讲，无人机一个起落最好飞行一个往返，回到起点加药。植保作业必须具备超目视飞行能力，超目视飞行距离应是无人机总作业距离的二分之一。

（5）避目障飞行。

对于高杆作物、果木、树木等植保作业，目视飞行作业的视线受到阻碍，必须要有避目障操控飞行的有效手段。

（6）定点垂直起降。

大田地形复杂，加药点难以选择，无人机往往在狭窄空间起降，没有跑道起降条件，必须具有定点垂直起降操控能力。

【任务测评】

将学生分成若干小组，按照无人机农业植保标准化作业流程，进行植保无人机实操训练。实操训练内容包括：

起飞前准备：

（1）环境检查：

① 气象条件是否符合作业要求。② 地形观察及作业方案。③ 作业物资补给路线规划。④ 确保在视距范围内飞行。

（2）升空检查：

① 电池、遥控器电量是否充足。② 卫星信号是否良好，指南针是否已经校准。③ 机臂是否适度旋紧。④ 机身电机座和起落架有无开裂迹象。⑤ 电机内部有无明显杂物，如有则应及时清除。⑥ 桨叶是否对称展开，桨叶表面有无明显损坏，螺丝表面有无滑丝现象。⑦ 药箱是否固定紧实，药箱螺丝有无松动迹象。

（3）开机检查：

① 先开启遥控器电源，再开启飞行器电源。并检查遥控器摇杆模式。② 务必观察无人机卫星信号是否较强。若在新作业区则须校准指南针。③ 用量杯灌注药液至药箱，注意药液纯度及药箱水位。④ 检查遥控器飞行模式和作业模式下的拨杆是否已切至相应档位。⑤ 单击"喷洒按键"进行排空并确保排空成功。

【扩展阅读】

实施乡村振兴战略，是党的十九大作出的重大决策部署，是决胜全面建成小康社会、全面建设社会主义现代化国家的重大历史任务，是新时代"三农"工作的总抓手。2021年1月，国务院下发了21世纪以来第18个指导"三农"工作的一号文件《中共中央国务院关于全面推进乡村振兴加快农业农村现代化的意见》，文件指出：民族要复兴，乡村必振兴。在日新月异的发展进程中，科技对诸多行业产生了巨大推动作用，在农业方面也不例外。农民用无人机，这是一个科技提高农业生产效率的案例，这也会是一个科技助力乡村振兴的例证。

在农业无人机还未普及前，常用的植保方式是人工打药和拖拉机打药：前者洒得不均匀，容易导致作物没打上药或造成药害，往往得不偿失；而后者打药速度虽然提升了，但拖拉机轮子容易压坏庄稼，初步估算100亩地就要浪费3亩的粮食。从而导致农业生产过程中存在农村劳动力不足、人工喷洒农药、叶面肥、价格高等问题，还影响农作物的质量和品质。

使用无人机植保作业可以提升农业植保现代化、机械化的发展，是农业上的新突破，运用无人机可大幅度减少人工量，提高工作效率和安全水平，同时可以减少农药使用量，做到农业产业降本增效，为乡村振兴助力。

任务 18　无人机农业植保标准化作业

【情景创建】

2020年我国植保无人机保有量预计已达11万台，作业面积突破100 000万亩。随着作业面积突破100 000万亩，植保无人机也已从早期的实验性产品发展成为一种常见农业生产机械。虽然国内植保无人机发展前景可观，但目前发展仍面临诸多障碍，如标准规范的缺失、综合成本高昂、产品通用性不足，专业人才匮乏等。植保无人机虽然机遇不断，也具备爆发的良好基础，但同样一直以来的一些问题也还是存在。如果不能有效解决这些问题，那么未来植保无人机的发展依然会受到限制。特别是小功率多旋翼农用植保无人机，由于价格低廉、结构简单、操作容易、使用维护成本低、效率高等优点，受到了全国各地农机合作社、种植大户和农作物及蔬菜生产企业的大力欢迎，普遍应用于农药喷洒。但同时，植保无人机工作时处于空中高速飞行状态，较高的速度和快速旋转的旋翼，操作不慎也会造成人员伤亡、机器毁坏、污染环境、人畜中毒等事故。

【任务实施】

了解多旋翼植保无人机作业的特点，掌握无人机农业植保标准化作业流程和作业注意事项，学习如何安全生产，从而提高无人机的使用效率和效果，避免造成财产损失和人员伤亡。

知识点 43　作业前准备

1. 作业区块要求

（1）作业区块及周边应避免有影响安全飞行的林木、高压线塔、电线、电杆等障碍物。
（2）作业区块及周边应有适合农业植保无人机起落的场地和飞行航线。
（3）国家有规定的禁飞区域禁止飞行。

2. 操控人员的要求

（1）操控人员必须获得相关机构的培训证书。
（2）操控人员不能酒后及身体不适状态下操控，对农药有过敏情况者不能操控。

3. 农药要求

根据作物要求，选择符合相关标准规定、适合农业植保无人机要求的高效低毒农药。

4. 气象条件

（1）作业前应查询作业区块的气象信息，包括温度、湿度、风向、风速等气象信息。

（2）雷雨天气禁止作业。

（3）风力大于 3 级或室外温度超过 30 ℃ 禁止作业。

5. 确定作业方案

（1）根据作业区地理情况，设置农业植保无人机的飞行高度、速度、喷幅宽度、喷雾流量等参数。

（2）根据作业区作物及病虫害情况、农药使用说明或咨询当地农业植保部门，确定药品、药量、以及配药标准。

（3）制定突发情况的处理预案，确定农业植保无人机如发生故障的紧急迫降点（必须远离人群）。

6. 设备准备

（1）农业植保无人机必须按标准生产，有企业的产品合格证。

（2）根据使用说明书要求检查农业植保无人机的完整性及辅助设备是否齐全。

（3）飞控人员做好农业植保无人机各项检查，包括外观检查和开机检查。

① 外观检查包括：

- 飞行结构部件—RTK 天线固定、电机固定、喷洒系统固定、机身结构稳定；
- 动力系统—螺旋桨无反装、无松脱、无裂纹、电机无异响；
- 喷洒系统—离心电机、喷盘无松脱、无裂纹，喷洒系统运行正常；
- 定位系统—基站连接正确、信号稳定、信号正常；
- 避障、防地系统—检查雷达、对地视觉模块有无遮挡、镜头是否干净。

② 开机检查包括：

- 确认 RTK 信号稳定；
- 通讯系统工作正常；
- 动力系统工作正常；
- 喷洒系统工作正常；
- 感知系统工作正常。

（4）检查电池电量或燃料量及飞行信号灯状态。

（5）调试对讲机、检查辅助人员在作业区最远处通讯是否正常，确保操控人员作业时沟通顺畅。

（6）操控人员对农业植保无人机进行不喷农药的模拟飞行，模拟飞行正常后才可以进行作业飞行确保农业植保无人机处于正常状态，严禁农业植保无人机带病作业。

知识点 44　模式内容

1. 配药

每次作业前都需要根据需喷洒药剂种类、亩用量进行配药，配药做得不好可能导致喷洒系统堵塞影响作业效率，也有可能导致中毒。

（1）穿戴防护：在配药前穿戴好防毒面具、手套等防护用具。配药时，所有人员应站在上风口处。

（2）药剂确认：确认药剂信息及用药量，确认药剂在有效期内，准产证、标准证、登记证三证齐全。

（3）药剂混配：酸碱药剂不能混用，生物制剂与化学制剂不能混用。有药物混配时需要提前试药，配 10 亩内的药看是否有反应。如出现分层、结絮、沉淀的情况可能造成减效、失效或者药害。

（4）配药计算：准确计算出原药用量，配制后药液的亩喷洒量和总喷洒量，药和水比例一般最少为1∶1。根据用药量配药，用药量不同的地块药液不得混配。

总原药量=亩原药量×亩数，总喷洒量=亩喷洒量×亩数。

（5）配药顺序：叶面肥→可湿性粉剂→水分散粒剂→悬浮剂→微乳剂→水乳剂→水剂→乳油；（可湿性粉剂难以稀释均匀，沉淀严重，不建议使用）。

（6）一次稀释：每种剂型的农药需单独在母液桶稀释成母液再倒入汇总桶；在母液桶中先加入 20%的清水，把药剂倒入母液桶搅拌均匀后倒入汇总桶中。

（7）清洗有残余药液的药品包装，并汇入母液桶中后再倒入汇总桶。清洗母液桶并把清洗残留药液倒入汇总桶。

（8）二次稀释：各种剂型的农药都倒入汇总桶后加入清水，直到总药液量达到作业所需为止，确保药液搅拌均匀。

（9）遵循"现配现用"的原则，配制好的农药不得久放。

（10）植物生长调节剂和除草剂应使用专用配药工具和药箱并在作业后深度清洁，避免影响其他作业的效果。

2. 灌药

灌药机是提升装药效率和降低农药中毒概率的重要工具，可以智能、精确、高效地为药箱灌药和清洗。

（1）灌药准备。

灌药机水平放置，过滤头放在药桶水平面以下；把智能电池插入灌药机电池槽后开启电源；把目标药箱插入灌药机药箱槽，确保连接紧密。

（2）设备使用。

功能选择：根据需要选择"灌药"或"抽空"功能。

药量选择：按"+"或"-"键调整目标药量。

作业启动：确定设定后按"启动"键开始工作。

作业结束：工作结束后蜂鸣器会响起，按"灌药/抽空/清洗"其中一个键关闭蜂鸣器。

（3）设备清洗。

清洗频率：每次作业后都需要清洗灌药机和药箱。

灌药机清洗：确认灌药机过滤头及管道低于灌药机水平面，放上清洁药箱，选择"抽空"功能清洗灌药机内部管路，用抹布擦拭灌药机表面；先用肥皂水清洗，再用清水清洗，最后把管道中的水排空。

药箱清洗：清洗药箱内部，并用抹布擦拭药箱外表。先用肥皂水清洗，再用清水清洗，最后把药箱中的水排空。

3. 定点作业

（1）作物最大高度：根据植株规划中所选植株最高的一棵设置植株高度。植株高度用明确的参照物进行判断，不可随意预估。

（2）到树梢距离：根据药剂喷洒要求，在确保飞行安全及喷洒效果的前提下设置距离。一般设置范围为 1.5～2.5 米；单位喷洒量：根据药剂要求合理设置，单位为 mL/m^2。

（3）雾化：根据药剂要求合理设置，一般为 100～125 微米；螺旋速度：根据药剂喷洒要求设置螺旋速度，可设置范围为 3 米内。

（4）作物半径（悬停用）：调整定点悬停喷洒的作物半径，一般不用调整，默认 1 米。

（5）悬停时间：调整定点悬停喷洒时在果树上空悬停的时间。

（6）自动返航：一般不需设置，默认自动返航。

4. 夜间作业

（1）作业优势：夜间作业不单增加了作业时间，也能增加夜间活跃虫害的防治效果。在夏天时夜间作业可避免中暑。

（2）测绘注意：测绘环节还是在日间进行效果最好，可清晰辨识障碍物。

（3）作业注意：夜间作业前需要观察地块周边情况，确定障碍物。作业时要实时查看无人机飞行状况。

5. 一控多机

（1）多机优势：进行大地块作业时，一控多机可以明显提升作业效率，并使人力得到更大的利用。

（2）设备绑定：绑定多架无人机，注意更改不同的飞机名称以便区分；做好规划才能确保一控多机的效率，避免意外发生。

（3）规划航线：每架无人机的起飞航线、返航航线、飞行路径不可重叠和交叉。多机需同向作业，同时作业的无人机间至少保留 6 米的安全间隔。

6. RTK 定高

（1）RTK 定高：当地块作物生长较高，且地势变化较小时可考虑使用 RTK 定高进行作业，关闭高度设置中的"仿地飞行"选项，此时无人机喷洒作业时以相对起飞水平面恒定高差飞行。

（2）常规高度：一般设置飞行高度离作物表层 1.5～2.5 米。

（3）环境影响：植株密集且对药物渗透要求较高时可适当调低飞行高度。风速大时可适当调低飞行高度。

知识点 45　作业成果

无人机植保的效果好不好，首先要涉及到药剂选择的问题。农药本身是否高质量，是否使用了适合飞防的药剂，这直接影响到作业效果。其次，农作物的施药历史、抗药性、温度、土壤等生长环境和施药的时间等，也会存在较大的影响。因此评价植保无人机的作业成果是否满足任务要求，主要从以下四个方面考虑：

（1）能否精准喷洒，把农药打到位？

什么是把农药打到位？就是在植保过程中，要把农药喷洒到作物叶子的正反面，并且让药物附着在叶片上面，才能有效杀死害虫。植保无人机能否把农药打到位，一看下压风场，二看雾化效果。用传统喷雾器打药，往往无法打到作物的叶片背面。而无人机飞过时带来强劲的下压风场，可以将叶片吹翻，从而让药物附着到叶片背面。有时候风场过大，则会造成药物浪费和作物损伤。

（2）能否均匀喷洒，让目标区域均匀着药？

目前市场上的植保无人机主要有两种喷洒技术：一是恒量喷洒技术，一是变量喷洒技术。植保无人机在地块中飞行需要转向，转向时一般会减速，如果是恒量喷洒技术，流量不会随飞行速度减慢而自动调整，就可能造成地边转向处的作物着药量过大，会产生药害，浪费农药。采用变量喷洒技术的无人机，流量可以随飞行速度减慢而减小，从而确保每一寸农田的着药量均等，达到良好的喷洒效果。

（3）能否避免重喷漏喷？

重喷漏喷对农作物伤害大，尤其是除草剂等化控类药剂，喷多了造成药害，喷少了没有效果，避免重喷漏喷，需要植保无人机能够实现高精度飞行。纯手动操作的植保机，飞手靠肉眼观察来判断航线，人影响因素太大，很难精准飞行。另外，市场上有应用 GPS 技术与 RTK 技术导航的植保无人机。

（4）能否适应不同作业时间和多种地形？

很多害虫昼伏夜出，白天打药效果差。尤其是在夏天，中午温度很高，打药容易挥发和影响药效，这就需要植保无人机能够夜间作业。夜间作业对航线规划系统和避障系统要求很高，只有能够全自主飞行、全自动作业的无人机可以实现这一点。有些农田的表面高低不平，或是有些作物冠层高矮不一，要确保喷洒效果，就需要植保无人机能够适应多种地形，能够与作物冠层保持相对恒定的距离。目前，无人机通过仿地飞行技术可以实现这一点。

作物病虫草害调查方法及发生程度分级应符合相应测报技术规范。飞防后 1 天、3 天、7 天进行防效调查，并记录调查结果（见表 6-1）。对使用的农药品种、用量、喷洒时间等方面的喷洒效果进行综合评估。

- 病害防治效果：

$$a = \frac{b-c}{b} \times 100\% \tag{6-1}$$

式（6-1）中，a：防治效果；b：施药前病情指数或病株率或病叶率；c：施药后病情指数或病株率或病叶率。

- 虫害防治效果：

防治地下害虫的防效按式（2）和式（3）计算，防治其他害虫的防效按式（4）计算。

$$a = \frac{b}{c} \times 100\% \tag{6-2}$$

$$d = \frac{e-f}{e} \times 100\% \tag{6-3}$$

$$d = \frac{g-h}{g} \times 100\% \tag{6-4}$$

式（6-2）中，a 表示被害株率；b 表示被害株数；c 表示调查总株数。
式（6-3）中，d 表示防治效果；e 表示施药前被害株率；f 表示施药后被害株率。
式（6-4）中，d 表示防治效果；g 表示施药前虫数；h 表示施药后虫数。

- 草害防治效果：

$$a = \frac{b-c}{b} \times 100\% \tag{6-5}$$

式（6-5）中，a 表示防治效果；b 表示施药前每平方米杂草株数；c 表示施药后每平方米杂草株数。

经效果检验后，对防效较低地块及时采取补喷或人工补治，确保防效。若发生药害，及时采取补救措施，适当补肥灌水，促进作物恢复生长。

表 6-1 农作物飞防效果调查表

调查人：		调查日期：		飞防日期：		施用农药及药量：		
调查点	调查地点	代表面积	作物及品种	主要防治对象	飞防效果（%）			
					1天	3天	7天	
1								
2								
3								
4								
5								

知识点 46　典型作业流程

1. 作业前准备

首先需要确定防治农作物类型、作业面积、地形、病虫害情况、防治周期、使用药剂类型以及是否有其他特殊要求。勘察地形是否适合植保作业、确定农田中的不适宜作业区域，与农户沟通、掌握农田病虫害情况报告。作业前再次检查作业区块及周边情况，确保没有影响飞行安全因素。

2. 制定作业方案

根据作业区地理情况，设置植保无人机的飞行高度、速度、喷幅宽度、喷雾流量等参数。根据作业区作物及病虫害情况、农药使用说明或咨询当地农业植保部门，确定药品、药量以及配药标准。制定突发情况的处理预案，确定植保无人机如发生故障的紧急迫降点（必须远离人群）。

3. 作业开始

熟悉地形，检查飞行航线路径有无障碍物，确定飞机起降点及地面站规划作业基本航线。根据植保无人机作业量，提前配半天到一天所需药量。起飞前测量电池电压情况，检查植保无人机状态。操控人员使用遥控器操纵农业植保无人机或者使用地面站系统控制农业植保无人机作业，并负责记录农业植保无人机作业情况。根据作业情况，观察飞行远端的位置和状态以及农业植保无人机喷洒的宽度、飞行高度、速度、距离、断点等，做出相应处理。并做好农业植保无人机转场、更换电池、加注燃料和加药等工作。

4. 作业后维护

完成作业后应将作业记录汇总归档保存。记录作业结束点，当天作业亩数和飞行架次、当日用药量与总作业亩数是否吻合等，从而为第二天作业做好准备。做好植保无人机以及对讲机、遥控器、充电器、电池等相关附件的整理与归类。排净药箱内的残留药剂并不得污染环境，清洗喷头和滤网等所有配药器具，保证无残留物附着。植保无人机的零部件要保养，并检查和紧固螺丝。检查完毕后，将植保无人机及辅助设备安全运回存放地存放。

【任务测评】

分组进行航线规划

用遥控器规划地块或者飞机规划地块，调用学员自己规划的地块进行飞行参数设置（亩用量、高度、速度、农田边缘安全距离、平移距离等）。

【扩展阅读】

2020年11月3日，新华社授权发布了《中共中央关于制定国民经济和社会发展第十四个五年规划和二〇三五年远景目标的建议》，文中提出，到二〇三五年基本实现社会主义现代化远景目标，基本实现新型工业化、信息化、城镇化、农业现代化，建成现代化经济体系。优先发展农业农村，全面推进乡村振兴。坚持把解决好"三农"问题作为全党工作重中之重，走中国特色社会主义乡村振兴道路，全面实施乡村振兴战略，强化以工补农、以城带乡，推动形成工农互促、城乡互补、协调发展、共同繁荣的新型工农城乡关系，加快农业农村现代化。

实施乡村振兴战略，必须破解人才瓶颈制约。要把人力资本开发放在首要位置，畅通智力、技术、管理下乡通道，造就更多乡土人才，聚天下人才而用之，大力培育新型职业农民。全面建立职业农民制度，完善配套政策体系。实施新型职业农民培育工程。支持新型职业农民通过弹性学制参加中高等农业职业教育。

央视纪录片《强国基石》中一位名为闫文炯的退伍军人，转业后将爱好转变为职业，从2018年两台机器起步，发展到至今成为了有着400多架无人机、500人的飞防服务队队长；徐州市铜山区利国镇郝家村村民、也是该村的农业无人机的飞手孙会，目前拥有两台设备，她表示明年将扩大规模，还要成立植保小分队更好地服务于农村，随着科技的发展，越来越多年青人按回到农村成为"新农人"，为乡村振兴注入新的动力。

任务19　无人机农业植保作业安全和应急措施

【情景创建】

案例1：2017年安徽天长发生一起植保无人机伤人事件，是对作业现场清理不彻底，导致炸机伤及作业区域割草人重伤，紧急送往ICU医治。因此在作业前务必清理作业现场，确保无关人员退至安全区域，以免炸机时伤人。

案例2：2018年7月，湖南省益阳市郝山区，对水稻田做灭生性除草时，造成周边的莲藕、水稻遭受药害。主要原因是无人植保飞机喷药时药液漂移所致。作业时应严格遵守事先制定好的作业要求，保证作业高度、速度、亩用液量等参数，避免重喷漏喷和飘逸等现象；避免3级风以上天气条件下作业，尤其是除草剂；划分安全隔离区；喷洒、横移及悬停时及时关闭喷洒系统。

案例3：飞手第一次作业是给甘蔗喷洒农药，甘蔗很高，飞手没有进行准确的测量，自己大概预估了甘蔗的高度，便直接设定3 m的飞行高度，最后预估高度错误，飞机桨叶把甘蔗全部打掉，险些炸机。

案例4：飞手作业前进行了测地，但刚测完突然就下雨了，飞手只能收工回家，几天后夜间回来作业，没有再次进行测地，直接使用前几天生成的航线进行作业，没想到规划喷洒范围内多了根电线杆，夜间也看不清周边环境，直接导致无人机撞上电线杆炸机，零件全都破损了。

【任务实施】

植保无人机如何进行安全作业，避免人员伤亡和飞机损毁，达到最佳的防治效果？

知识点 47 一般要求

（1）参与运营的农业植保无人机必须符合中国民用航空局飞行标准司签发的《轻小无人机运行规定（试行）》的相关规定。

（2）飞行范围应严格按照作业方案执行，飞行距离控制在视距范围内，同时了解作业地周围的设施及空中管制要求。

（3）飞行应远离人群，作业地有其他人员作业时严禁操控飞行。

（4）起降飞行应远离障碍物 5 m 以上，平行飞行应远离障碍物 10 m 以上并作相应减速飞行。

（5）操控人员应佩戴口罩、安全帽、防眩光眼镜、身穿反光工作服并严禁穿拖鞋，且在上风处和背对阳光操作；操控人员应与农业植保无人机保持 5 m 以上安全距离；作业过程中操控人员应关闭手机及其他有电磁干扰设备。

（6）操控人员使用对讲机通话必须简洁、明确，并且重复两次以上。

（7）地面近距离操作维护保养时，必须切断动力电源，避免意外启动，防止发生事故。

知识点 48 保障安全的技术措施

无人机作为一种高效便捷的辅助手段替代了原有工具服务于各行各业的日常工作中，具有成本低、效率高、机动性能好、使用方便等优势，并且能够保障行业作业的安全性。从应用结构上看，由于起步时间、发展程度的不同，工业无人机在不同应用领域的市场需求量和应用成熟度均有所差异。目前，我国工业无人机在农业植保的市场需求量和应用成熟度很高，这不仅得益于国家农业相关政策的出台与支持，更得益于行业前沿技术的应用。

1. 精准施药

精准施药是精准农业的重要环节，也是未来植保无人机发展的趋势。离心雾化喷洒技术作为实现精准喷洒的关键技术，离心雾化喷头采用旋转喷洒模式将药物洒出，同时通过离心盘的摩擦推动，使喷洒过程中大雾滴转换成小雾滴更加细致，保障药液分布均匀，有效渗透植株表内，达到触杀和防治效果，更好地节约了农药成本，同时也减少了药物喷洒过程中的堵塞问题，使农作物得到高效精准的防护。

RTK 技术，即为实时载波相位差分技术，是一种可以达到野外高精度差分定位的新型定位方法，数据安全可靠，一般在基站 10 km 内，都能达到厘米级精度，是应用最为广泛的 GNSS 差分技术。植保无人机作业环境复杂多样，在飞行过程中一般以规划好的航线为主，对飞行状态的控制精度有着很高的要求。若对植保无人机自主飞行的精度把握不好，则会出现在一些区域重复喷洒药剂、遗漏喷洒药剂或是喷洒不均匀的情况，导致农作物大面积减产，造成经济损失。RTK 技术在农业植保机中的应用，一方面可以降低无人机起降地的限制，提升航线飞行的精度，实现高精度自主飞行，确保无人机的喷洒范围更加准确。另一方面可以提升农药使用效率，促使农业无人机真正走上精准作业之路。

2. 自动定高

地形跟随技术又称仿地飞行，是定高技术的一种应用（传感器使用定高模块，比如超声波定高模块，激光定高模块），不过地形跟随技术定的是相对高度。为了保证农药的均匀和高效喷洒，植保无人机引进了一种"地形跟随"的技术，该技术可以使植保机在作业过程中始终与农作物保持 1~2 m 的相对高度，大大提高了植保机作业的地形适应能力。

3. 自动避障

在无人机植保作业中，全向雷达技术可对水平全向障碍物进行识别，同时具备自动绕障及仿地飞行功能，实现任意位置的自动绕行，充分保障作业安全，进行 360°的全方位安全防护。同时，全向数字雷达的运作不受环境光线及尘土影响，可全天候感知农田环境，飞行安全更进一步，保证植保作业高效有序地进行。

避障技术是增加无人机安全飞行的保障，随着技术的发展与成熟，在植保无人机中得到实际的应用。无人机的避障技术中最为常见的是红外线传感器方案、超声波传感器方案、激光传感器方案以及视觉传感器方案。避障技术在植保无人机中的应用，可自动绕行障碍物，同时能够进行智能故障预判和夜间避障，保障无人机夜间和白天的作业安全，进一步提升植保无人机的作业效率和安全性。

知识点 49　作业安全注意事项

1. 作业过程中飞行环境的安全

（1）熟悉地形，检查飞行航线有无障碍物，记录树木、高架电线和水渠的位置以及邻近的作物、公路和铁路等。

（2）确认作业现场无任何无线电波干扰，作业区域有 4×4 m 的起降平台。

（3）注意风力、风向（顺风飞，飞机容易失控）及阴雨等天气变化。

（4）背对阳光飞行或准备好墨镜。

2. 人员安全

（1）作业过程必须时刻远离人群，助手及相关人员要及时进行疏散作业区域人群，确保作业区域内人员被清空。

（2）作业人员具有安全用药知识，严禁儿童、老人、体弱多病者及经期、孕期、哺乳期妇女参与施药。

（3）配制药物人员配备相应的防护措施，身体不得有暴露部分。施药作业结束后，要用大量清水和肥皂清洗，不要洗热水澡，尽快把防护服清洗干净并与日常穿戴的衣物分开。

（4）药物沾上皮肤或溅入眼睛，应先就近用清水反复冲洗。施药人员出现头疼、头晕、恶心、呕吐等农药中毒情况时，应立刻离开施药现场，脱掉污染衣物，及时带上农药标签到医院治疗。

3. 作业过程中植保机械和药剂安全

（1）作业前对飞机进行维修保养，确保飞机正常工作，严格按照施药方案调控飞机，飞行过程中要保持飞机在视距范围内。

（2）遥控器操作，动作要轻柔、平缓，严禁过猛，大幅度推动档杆，严禁目、暴力操作，放弃飞机控制。

（3）飞手施药操作过程中勿进食、饮水、接打电话。禁止在饮酒、吸毒、药物麻痹、头晕、恶心等其他身体状况不佳或精神状态不佳的情况下操控飞机。

（4）工作状态严禁旋松或调整任何部件，以免药液突然喷出伤人。场外作业时，不可将锂电池暴露在太阳下。

（5）严格按照方案配方、剂量、兑水量、施药时间、服务面积喷药。

（6）配制药液前对农药包装和剂型进行检查核对，药剂要二次稀释配制，不能直接用手取药和搅拌农药。农药现配现用，不能长时间存放。

4. 作业后安全处理

（1）农药使用后的包装收集起来安全存放，或集中无害化处理，不得随意丢弃。

（2）剩余农药应带回或按照国家相关规定处理。

（3）应把泄露的药液和清洗药箱等废液收集到收集箱，并应设置一个专用的排污设备来处理剩余的药液和清洗后的废液。

5. 电池自燃安全使用注意事项

（1）对待运输的电池需做好填充、防撞等措施，避免电池受到剧烈碰撞或震动。

（2）从户外高温放电后或高温下取回电池不能立即充电，待电池表面温度冷却后方可充电。

（3）飞行时紧密关注电池电量，若出现电量下降迅速等异常情况及时返航或降落。

（4）存放时，置于干燥安全的室内即可（低温存储不会损坏电池，但使用时应当提高电池温度），户外使用时尽量置于车内。

（5）充电过程中有专人看管。

（6）电池和汽油分开存放。

知识点 50　应急处理措施

1. GNSS 长时间无法定位

可能原因：GNSS 长时间不通电，或者当地与上次 GNSS 定位的点距离太远导致 GNSS 冷启动，或者是因为 GNSS 天线被附近的电磁场干扰，也可能是 GNSS 自身性能出现问题。

解决方案：等待几分钟，如果等待几分钟后情况依旧没有好转，作业员需要把屏蔽物移除，远离干扰源，放置到空旷的地域，看是否好转。如果此时还不定位，需要拿去给专业的农业植保无人机维修人员处理。

2. 自动飞行时偏离航线太远

可能原因：飞机没有调平或者风速过大。

解决方案：检查飞机是否调平，调整飞机到无人干预下能直飞和保持高度飞行。其次，检查风向及风力，因为大风也会造成此类故障，应选择在风小的时候起飞无人机。再者，检查平衡仪是否放置在合适的位置，把飞机切换到手动飞行状态，把平衡仪打到合适的位置。

3. 地面站收不到无人机数据

可能原因：连线接头松动了或者没有连接，或者没有点击地面站的链接按钮，或者串口没有设置正确，地面站与飞机的数传频道不一致。

解决方案：检查是否连线接头松动了或者没有连接，是否点击地面站的链接按钮、串口是否设置正确、串口波特率是否设置正确、地面站与飞机的数传频道是否设置一致、飞机上的 GNSS 数据是否送入飞控。其中只要有一个环节出问题就无法通讯，检查无误后重新连接。如果检查无误后还是连接不上，重新启动地面站电脑和飞机系统电源，一般都可以连上通讯。

4. 航线中断报错

可能原因：喷洒过程中药量不足、执行航线过程中点击返航。

解决方案：选择断点漏喷航线喷洒，飞机会从断点处开始喷洒。

5. 电机出现异响、卡转

可能原因：电机进入异物、外力冲击造成结构变形。

解决方案：拆开电机罩，使用牙刷清理电机异物，避免用尖锐物破坏电机。如果因为外力原因导致电机变形，建议更换电机（拆装电机罩时，注意其他线路不要挤压）。

6. 喷洒系统开启后喷盘没有水流出

可能原因：首先检查药箱里面是否有水或药箱管是否脱落，开启单泵看泵是否正常工作，一切正常后检查管路是否正常。原因可分为蠕动泵堵塞、分流器堵塞、管路堵塞、喷头堵塞、流量计堵塞、药箱损坏及喷洒系统部件安装不正确。

解决方案：使用排除法。在确保药箱正常的情况下，把飞机喷洒系统按照先蠕动泵出水口、后喷头进水口的顺序，分别拔开管路，检查通畅情况，进行分段排查。

7. 喷洒系统开启后喷盘有水流出，但实际流量与设置流量不符

可能原因：药液腐蚀导致蠕动泵管老化。

解决方案：先进行一次喷洒系统校准，如果实际流量还不能达到设置流量，则更换蠕动泵管，并再次校准喷洒系统。同时还需检查整个管路是否有漏液或漏气，如有破损需要更换相应的管路。

8. 喷洒系统开启后喷盘有水流出并伴有气泡

可能原因：药箱内抽药管有漏气，药箱出药嘴密封不严，飞机进药嘴与药箱出药嘴密封不严。喷洒系统管路要求密封良好，不漏气，才能将药液精准抽出。

解决方案：检查药箱内抽药管是否漏气，检查药箱出药嘴到水泵进水口之间是否有密封不严或管路破损导致的漏气。

9. 水泵电流异常

可能原因：蠕动泵管内堵塞导致阻力增大。

解决方案：检查蠕动泵管内是否堵塞造成蠕动泵阻力增大，建议疏通管道或更换蠕动泵管。

10. 流量计异常

可能原因：叶轮异常磨损、叶轮上有异物、流量计插头松动。

解决方案：拆开流量计检查叶轮是否完好，叶轮是否异常磨损，流量计内部是否有异物，流量计插头是否牢固，发生不可修复损坏时，需要更换流量计。

11. 超声波异常

可能原因：超声波探头附着物过多或有异物遮挡超声波探头。

解决方案：清理超声波探头上的附着物，排查是否有异物遮挡超声波探头。

12. 灌药机抽不出来药。

可能原因：管路折叠或堵塞、滤网堵塞、蠕动泵管路磨损或破裂。

解决方案：检查灌药机外部管路是否折叠或扭曲，滤网是否堵塞，蠕动泵管是否磨损或破裂。

13. 药箱出药嘴漏药

可能原因：药物腐蚀导致药箱出药嘴内部密封圈密封不严、药箱出药嘴弹簧失效。

解决方案：检查药箱出药嘴内部密封圈是否正常，出药嘴弹簧是否正常，如有损坏建议更换。

发生重大人身伤害或财产损失时，应立即停止作业，保护现场，及时报告和处置。

【任务测评】

分组进行定点起降的练习

（1）起飞训练：

对无人机解锁进行飞行操作。解锁为"八字控杆"。解锁后观察桨叶状态，待确认无误后再使左拇指轻推左摇杆（升降舵面）至40%的幅度令无人机起飞。

左摇杆（升降舵面）根据飞行高度适时进行升降调整，飞机稳定在合适高度。左摇杆（偏航舵面）应根据飞行角度及时微调机身转向，确保将机尾对准自己；同时右摇杆（俯仰舵面、横滚舵面）也应根据飞行姿态及时对无人机方向（前、后、左、右）进行微调，左右摇杆同时协调操作进行，确保飞机不飞出框外。

（2）降落训练：

飞机悬稳后，高度以2 m为准。机尾对准自己，油门杆逐级下降，每降一级左右摇杆必须及时调整飞机悬停姿态，悬停稳定后再继续降落，直至降落框内且不能有较大波动。最后将摇杆（升降舵面）一扣到底，直至桨叶停转为止。也可将左右摇杆齐作"八字控杆"操作关闭电机，然后再松杆即可。

（3）AB点航线飞行：

AB点航线模式采用"飞行选点"的方式，消除了用外围设备选点时的位置误差；大面积地块航线规划时节省了选点需要的时间，提升作业效率；具备航线长度调整功能以适应不规则地块（见图6-18）。

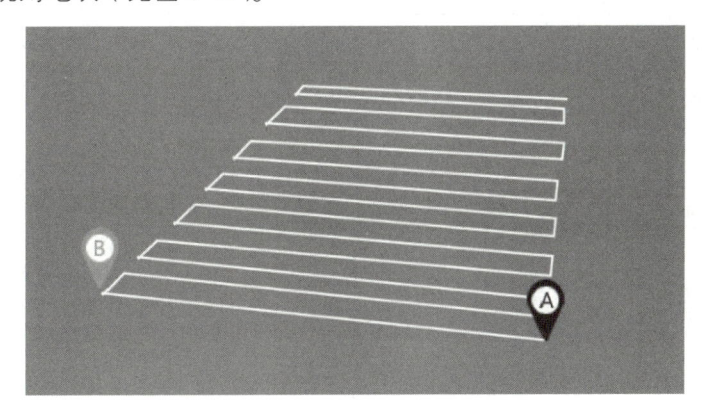

图6-18　AB点航线模式示意图

飞机飞至A点，将AB点标记开关置高一次，记录A点。然后飞机飞至B点，将AB点标记开关置高一次，记录B点，AB点设置完成后设置飞行参数进行航线飞行，并在中途进行中断点与投影点的考核。

【扩展阅读】

党的十八大以来，党中央把握发展阶段新变化，把逐步实现全体人民共同富裕摆在更加重要的位置上，推动区域协调发展，采取有力措施保障和改善民生，打赢脱贫攻坚战，全面建成小康社会。2021年11月12日，党的十九届六中全会通过了《中共中央关于党的百年奋斗重大成就和历史经验的决议》，决议强调，共同富裕是社会主义的本质要求，是中国式现代化的重要特征，要坚持以人民为中心的发展思想，在高质量发展中促进共同富裕。在高质量发展中促进共同富裕，须完整、准确、全面贯彻新发展理念。创新、协调、绿色、开放、共享的发展理念，揭示了实现更高质量、更有效率、更加公平、更可持续发展的必由之路。尤其是协调发展，注重的是解决发展不平衡问题；而共享发展，注重的是解决社会公平正义问题，生动诠释了"人民至上"的深刻内涵。民族要复兴，乡村必振兴。脱贫攻坚取得胜利后，要全面推进乡村振兴，这是"三农"工作重心的历史性转移。全面实施乡村振兴战略的深度、广度、难度都不亚于脱贫攻坚，需要更多党员干部大力发扬孺子牛、拓荒牛、老黄牛精神，不用扬鞭自奋蹄，以不怕苦、能吃苦的牛劲牛力，为乡村振兴赋能。

模块 7　无人机系统维护和保养

任务 20　无人机系统维护

【情景创建】

四旋翼无人机放置半年未飞行，期间未进行任何保养，当需要飞行时，上电后电机无法旋转，经查因长时间未保养，机身受潮短路。

【任务实施】

无人机如何进行系统维护，避免造成无形损伤，达到最佳的飞行效果？

知识点 51　维护保养基本要求

保持清洁干燥：无人机作为一种精密的电子设备是需要保持干燥清洁的，虽然无人机不是沾水即坏，但它如果沾水后或受潮后没有及时处理，会对电子元器件造成损坏，使无人机出现故障并降低无人机的使用寿命。如果无人机在使用过程中受潮或沾水，在使用完毕以后要先断电擦干无人机，然后放到防潮箱吸潮，确定湿气除净后再使用。另外灰尘对无人机的影响也很大，尤其是电机等精密设备，所以要尽量避免从沙土碎石地面起飞，并在每次使用完毕以后对无人机进行除尘清洁。

1. 机体清洁

为了避免日常作业中因使用不当、环境等因素造成机体零部件受潮、腐蚀等。维保人员需定期对机体进行除尘，金属零部件涂油，使飞机保持干燥清洁。

一般，电动无人机选用质地柔软的除尘毛巾擦拭浮灰。油动无人机，则应先用浓度较高的酒精喷涂在机体表面稀释油污，然后用除尘毛巾反复多次擦拭干净。

条件允许的情况下，可定期涂蜡保护，飞机表面涂装采用喷漆工艺的可定期涂蜡保护。机体表面的定期涂蜡养护，不仅可使无人机更加光洁靓丽，还可在其上形成一层保护膜，隔绝保护涂装漆面。

2. 部件检测

检查机架是否出现裂纹和破损；检查机臂的支持力；检查天线是否牢固；电源线

是否链接好；动力系统；竖直方向波动电机转子检查是否松动；检查转子下方缝隙是否均匀；转子转动是否顺畅；电机机构是否变形；无桨下检查电子转子边缘机电机轴在转动中是否同心、电机是否有较大振动机异响；检查桨叶外观是否有湾折、破损、裂缝；遥控器检测。

3. 部件更换

电池更换：如果无人机的电池出现鼓包情况要立即停止使用，有些无人机的电池有保护壳，如果在安装电池过程中出现安装不畅，则有可能是电池鼓包将外壳将保护壳挤变形了。另外在一般情况下无人机电池每周使用两次，最多一年电池会出现不耐用老化现象。并且在使用无人机的过程中还要注意外界温度对电池的影响，如果在低温地区使用，要对电池做好"保暖"和"热身"工作，以免出现电压急速升高的情况。

螺旋桨更换：无人机螺旋桨虽然没有电池那么易坏，但也是需要经常维护保养的。虽然在正常使用过程中出现坠机导致桨叶折断的情况很少，但是由于视觉误差或操作导致撞上障碍物的问题却时常发生。如果出现撞到障碍物的情况就要特别留意桨叶是否出现裂痕、缺口等影响无人机飞行稳定性的问题。如果螺旋桨损伤比较严重则需要更换新的螺旋桨叶。

电机更换：除了螺旋桨外，对无人机飞行稳定性影响最大的就是电机了。如果无人机在悬停时出现无故侧倾或无法顺利降落的问题，则有可能是电机出现了问题。可以先尝试重新校正机身后再起飞，如果仍然出现这种问题则需要及时送厂检修，以避免出现电机停转导致无人机失控或坠毁。

【任务测评】

无人机作业过程中会发生哪些情况？

【扩展阅读】

忠魂赤子心　航空报国情

2013年以来，每到清明时节中航工业沈飞公司的员工们都会自发来到前董事长、总经理罗阳的塑像前悼念。他的另一个身份是我国歼-15舰载机研制现场总指挥。

2012年11月25日上午，大连港码头锣鼓齐鸣，彩旗招展。胜利完成中国首次航母舰载机着舰任务的"辽宁号"缓缓驶入港口。沈阳黎明航空发动机（集团）有限公司董事长孟军在辽宁舰上向码头望去，激动地说："老罗快过来看，沈飞的弟兄们在向你招手呢！"罗阳倚靠在床边，手捂着胸口，轻声说道："算了，我有点不太舒服。"

孟军看他脸色不太好，赶紧询问："要不要先找医生看一下？"罗阳摇摇头说："没事，下船再说吧。"9时4分，罗阳慢慢走下"辽宁舰"。罗阳坚持跟一整排等候的人挨个握了手。所有人都没想到，这是他们和罗阳的最后一次握手。

一个多小时后，载着罗阳的车辆疾驰奔向大连友谊医院。在离急诊部不到 100 米的地方，罗阳的心脏停止了跳动。

"罗阳，你太累了。"妻子王希利一声悲啼，在场者无不动容。王希利没能见到丈夫最后一面，就连他俩的最后一次对话还是在电话里，说的是工作。

罗阳走了，但他的梦想还在，他把一切奉献给共和国航空事业的精神还在熠熠生辉。2020 年初，突如其来的新冠肺炎疫情对中航工业沈飞公司的生产任务产生了巨大影响。为按时完成国家任务，沈飞公司在保证安全的前提下，第一时间复工复产——一台台机器恢复运转，一间间车间亮起灯光。《摘自光明日报》

任务 21　无人机及动力电池保养

【情景创建】

无人机及电池长期不用，未做相应的保养。因时间长久，发动机油路堵塞无法提供动力，或动力电池未进行有效存储，其作业时间骤减。

【任务实施】

无人机动力电池如何进行系统维护，才能使其寿命长久？

知识点 52　无人机存放

无人机存放前将无人机清洁干净。存放于安全、清洁、干燥、阴凉之处，防火、防盗、防潮。摆放整齐，不得直接堆积码放，最好摆放在货架上。

1. 基本要求

（1）电池：尽量用平衡充放电或者充电至 3.8 V，然后放在阴凉干燥密闭处保存。注意电池插口要防氧化。插头处注意干燥，有条件可以做个封装。

（2）飞控：放置于密闭袋中封存，注意插头处进行要干燥。

（3）电动机封存：电机内部要进行除污、上油，对外刻字，尤其是刀刻字上油，否则容易氧化字体刻处，容易生锈。

（4）电调封存。

（5）桨用塑料纸、布或者泡沫片间隔包裹，放到不容易挤压，无日照区域存放。

（6）机架挂起来，以保证机体不变形。

（7）长期不使用的无人机，每隔一年必须进行一次检修。

2. 储存注意事项

无人机在非使用期间需要进行存放，存放并非随便找个地方放着就好，而需要注意以下几点：

（1）存放地必须选择防水、防晒、防虫、防火、远离可能形成线路漏电场所的地方。

（2）存放时应注意固定牢靠并保证无人机不会受到其他物品挤压。

（3）如果存放时间过长，为防止主旋翼的变形，可以将主旋翼拆卸后悬挂。

（4）在对电池和遥控器进行存放时，需放在单独的箱子里，注意防火、防潮、防暴晒。长时间存放时，应将锂电池充放电到存储电压，每隔一个月时间充放电一次。

（5）各活动部位每隔段时间应通电活动或润滑。

（6）存放后，防止他人误动。

3. 飞机的维护与更新

长期不使用时，建议至少一个月进行一次飞行练习，以保持操作熟练度。

机体的保养与维护：每次飞行结束后，必须清洁机身，保证机体无污渍残留，避免化学物品对飞机结构的腐蚀。飞行结束以及平时存放，空速管使用空速罩罩住，避免杂物进入。飞机存放环境应保持干燥，避免湿润环境对自驾仪传感器测量值的影响。

发动机的保养与维护：飞行结束后应将发动机进气口和排气筒封闭，以避免杂物进入。油管中连接的金属滤芯，须在发动机每工作 50 h 后，进行一次更换。

发动机由于使用磨损，工作寿命大约为 200 h。在使用 200 h 后，请联系厂家更换。

电池的保养与维护：

电池储存的环境湿度为 65±20%，温度 – 20 ~ 35 °C。

电池电压大于 3.9 V 时，存放时间不超过 7 天。

电池长期不用时，使用循环模式每 3 个月进行一次激活。

电池使用期间，100 次充放电后，性能会开始下降，需要密切注意充电和放电性能。

若电池放电能力明显减弱，请使用充电器放电后，用盐水浸泡至电量耗尽，然后进行废弃或联系回收站处理。

冬季及高海拔飞行，应注意电池的加热和保温处理，避免使用时锂电池温度过低而导致放电能力降低。

知识点 53　动力系统保养

电池保养：如果无人机的电池出现鼓包情况要立即停止使用，有些无人机的电池有保护壳，如果在安装电池过程中出现安装不畅，则有可能是电池鼓包将外壳将保护壳挤变形了。在一般情况下，无人机电池每周使用两次，最多一年电池会出现不耐用老化现象。并且在使用无人机的过程中还要注意外界温度对电池的影响，如果在低温地区使用，要对电池做好"保暖"和"热身"工作，以免出现电压急速升高的情况。

检测每块电池的电芯电压是否相近，电芯电压偏差一般小于 0.2V；检查电池电源的烧蚀情况；检查电池周围塑料结构的牢固情况；检查电池电源线触点链接情况，确保清洁无湾折；若长时间不用，每月检查一次电池状况，防止电池损坏。

螺旋桨保养：无人机螺旋桨虽然没有电池那么易坏，但也是需要经常维护保养的。虽然在正常使用过程中出现坠机导致桨叶折断的情况很少，但是由于视觉误差或操作导致撞上障碍物的问题却时常发生。如果出现撞到障碍物的情况就要特别留意桨叶是否出现裂痕、缺口等影响无人机飞行稳定性的问题。如果螺旋桨损伤比较严重则需要更换新的螺旋桨叶。

电机保养：除了螺旋桨外，对无人机飞行稳定性影响最大的是电机。如果无人机在悬停时出现无故侧倾或无法顺利降落的问题，则有可能是电机出现了问题。可以先尝试重新校正机身后再起飞，如果仍然出现这种问题则需要及时送厂检修，以避免出现电机停转导致无人机失控或坠毁。

【任务测评】

简述无人机保养的基本要求，包括存放、电池保养、螺旋桨保养、电机保养。

【扩展阅读】

用无人机解决维修难题

结束一天忙碌的工作，汪铭东拖着疲惫的身躯，径直向门口走去。

夜已深，月光透过锃亮的玻璃，映照在室内一架无人机上，银白色的机翼宛如一双张开的翅膀。汪铭东停下脚步，抚摸着这位久经沙场的"老战友"，思绪又一次活跃起来。

这架无人机是汪铭东的"宝贝"，它曾在一次次研究试验中经受磨砺，汪铭东的很多设计构想都是通过它一步步验证而来。

汪铭东是海军某厂雷达车间主任，经常负责组织车间工人开展雷达维修保障工作。从事雷达修理 20 多年来，汪铭东运用科学方法开展科研创新攻关，解决不同型号雷达故障问题，并将这些宝贵经验毫无保留地传授给部队官兵。

"在修理厂搞科研？明明是修理工，却操着专家的心。"一时间，同事们的质疑声渐渐多了起来。有人悄悄提醒汪铭东："按部就班干好本职工作就可以了。"

这番话，汪铭东并不认可。"相比科研院所专家，维修工有着得天独厚的优势——常年处在雷达保障一线，与官兵交流机会多，更能贴近部队需求开展科研攻关。"

舰载雷达标校是世界公认的一项难题。过去，舰艇必须停靠在固定系泊点，参照固定的标校塔，才能实现方位与距离的标校。这种标校方式，受到城市建筑影响，耗时费力且效率低。

"这是雷达保障工作的一个'堵点'，如果不尽快解决，会制约战斗力生成。"汪铭东看在眼里，急在心里。那段时间，他跑了多家部队单位，广泛开展调研，制订出多种方案，又被一一推翻。

一次偶然机会，汪铭东看到有人利用无人机进行航拍，这一场景点燃了他的灵感。没过多久，汪铭东提出"利用无人机进行高度标校"的想法。

从那时起，无人机成为他形影不离的"战友"。下班后，汪铭东主动加班加点学习无人机专业理论知识，再比对说明书开展操作练习。几个月下来，汪铭东可以熟练操作无人机进行作业。

工程筹划、现场试验、精度演算……经过多轮验证，这一成果得到上级认可，并荣获军队科技进步一等奖。

获奖后，汪铭东的压力更大了。如何将成果更好地转化为战斗力？这是他一直惦记的问题。

结合日常修理任务，汪铭东不断探索新型标定系统的使用方法，成功编写出《某型雷达标校作业指南》，在海军舰艇维修一线推广应用，受到广大官兵的好评。

"雷达保障工作不是调电路、修配件那么简单，多留心、勤思考，就一定能找到解决问题的方法。"汪铭东经常对车间工人们讲，装备保障力连着部队战斗力，让科研成果更接地气，才能为部队战斗力添砖加瓦。

参考文献

[1] 严月浩. 无人机概论[M]. 西安：西北工业大学出版社，2018.
[2] 符长青. 无人机空气动力学与飞行原理[M]. 西安：西北工业大学出版社，2017.
[3] 石磊，杨宇. 无人机组装、调试与维护[M]. 西安：西北工业大学出版社，2019.
[4] 王秀春，顾莹，李程. 航空气象[M]. 北京：清华大学出版社，2014.
[5] 孙毅. 无人机驾驶员航空知识手册[M]. 北京：中国民航出版社，2014.
[6] 何先定，刘明鑫. 无人机操控技术与任务载荷[M]. 北京：航空工业出版社，2020.
[7] 王翼虎. 电力巡检旋翼无人机航迹规划研究[D]. 兰州：兰州交通大学，2020.
[8] 张祥全，苏建军. 架空输电线路无人机巡检技术[M]. 北京：中国电力出版社，2016.
[9] 罗仁及. 架空输电线路无人机巡检技术的应用[J]. 名城绘，2018，000（003）：506-506.
[10] 程晓翠，杜学亮，姜洋，等. 电力作业无人机机队运行管理系统研究[J]. 信息与电脑，33（5）：3.
[11] 何惠清，朱昱，袁炜. 小型多旋翼无人机在架空输电线路巡检应用探索[J]. 江西电力，2017，041（008）：32-35.
[12] 姚文锋. 无人机电力线路巡检技术研究[D]. 广州：广东工业大学，2019.
[13] 马青岷. 无人机电力巡检及三维模型重建技术研究[D]. 济南：山东大学，2017.
[14] 兰昊，米珂，程帅，等. 无人机用于输电线路巡检的作业流程及应用[J]. 能源研究与信息，2019，138（04）：59-64.
[15] 吴立远，毕建刚，常文治，等. 配网架空输电线路无人机综合巡检技术[J]. 中国电力，2018.
[16] 中电联技能鉴定与教育培训中心. 组建中电联电力培训标准技术委员会并启动4项培训标准编制[J]. 中国电力教育，2017，358（12）：17.
[17] 蒋雪萤. 民用无人机飞行监管法律制度研究[D]. 重庆：西南大学，2020.
[18] 史文旭. 无人机测绘数据处理关键技术及应用探究[J]. 智能城市，2018，4（06）：57-58.
[19] 李泉洲，石高峰，崔建军. 无人机测绘遥感[J]. 电信工程技术与标准化，2017，30（004）：14-17.

[20] 杰夫·科特里尔, 郁振山. 无人机安全[J]. 现代职业安全, 2016（6）: 3.

[21] 刘炜, 冯丙文, 翁健. 小型无人机安全研究综述[J]. 网络与信息安全学报, 2016, 2（003）: 39-45.

[22] 黄良伟. 无人机任务设备/组合导航信息融合技术研究[D]. 西安: 西北工业大学, 2006.

[23] 吴晓鸥, 华菊仙. 无人机载任务设备的发展[J]. 外军炮兵, 2005, 000（002）: 30-34.

[24] 梁振刚. 无人机系统任务规划与数据处理[C]// 中亚地理信息技术国际研讨会. 中国测绘地理信息学会, 2015.

[25] 田志伟, 薛新宇, 李林, 等. 植保无人机施药技术研究现状与展望[J]. 中国农机化学报, 2019, 40（01）: 37-45.

[26] 王昌陵, 宋坚利, 何雄奎, 等. 植保无人机飞行参数对施药雾滴沉积分布特性的影响[J]. 农业工程学报, 2017, 33（23）: 109-116.

[27] 娄尚易, 薛新宇, 顾伟, 等. 农用植保无人机的研究现状及趋势[J]. 农机化研究, 2017, 39（12）: 1-6, 31.

[28] 周志艳, 明锐, 臧禹, 等. 中国农业航空发展现状及对策建议[J]. 农业工程学报, 2017, 33（20）: 1-13.

[29] 蒙艳华, 周国强, 吴春波, 等. 我国农用植保无人机的应用与推广探讨[J]. 中国植保导刊, 2014, 34（S1）: 33-39.

[30] 郭永旺, 袁会珠, 何雄奎, 等. 我国农业航空植保发展概况与前景分析[J]. 中国植保导刊, 2014, 34（10）: 78-82.

[31] 温源, 张向东, 沈建文, 等. 中国植保无人机发展技术路线及行业趋势[J]. 农业技术与装备, 2014（05）: 35-38.

[32] 林蔚红, 孙雪钢, 刘飞, 等. 我国农用航空植保发展现状和趋势[J]. 农业装备技术, 2014, 40（01）: 6-11.